高 等 院 校 移 动 应 用 开 发 新 形 态 教 材

U0203945

界面设计

刘娟 张春鹏 主编 / 柯皓 保永明 胡茜茜 副主编

清华大学出版社
北 京

内 容 简 介

本书主要内容包括 UI 设计基础、用户体验、UI 设计风格、设计原则、设计配色、设计规范、图标设计、App 界面设计、网站设计等常见、常用的界面设计制作过程与工作原理。本书以基本概念讲解为基础,结合实际案例分析,搭配设计案例视频制作,帮助初学者熟悉软件环境,消除初学者对设计软件工具难以驾驭的担心。

本书主要面向处于求学阶段的设计学类的学生及由其他专业转向界面设计的人员。本书所涉及的案例均提供相应的讲解视频、PPT 文件,为教学互动提供较为全面的技术支持。

图书在版编目(CIP)数据

界面设计/刘娟,张春鹏主编. —北京:清华大学出版社,2021.5 (2025.1 重印)
高等院校移动应用开发新形态教材
ISBN 978-7-302-54607-8

Ⅰ. ①界…　Ⅱ. ①刘…②张…　Ⅲ. ①人机界面—程序设计—高等学校—教材　Ⅳ. ①TP311.1

中国版本图书馆 CIP 数据核字(2020)第 002530 号

责任编辑:刘翰鹏
封面设计:常雪影
责任校对:李　梅
责任印制:宋　林

出版发行:清华大学出版社
　　　　网　　　址:https://www.tup.com.cn,https://www.wqxuetang.com
　　　　地　　　址:北京清华大学学研大厦 A 座　　　　　　邮　　编:100084
　　　　社 总 机:010-83470000　　　　　　　　　　　　邮　　购:010-62786544
　　　　投稿与读者服务:010-62776969,c-service@tup.tsinghua.edu.cn
　　　　质量反馈:010-62772015,zhiliang@tup.tsinghua.edu.cn
　　　　课件下载:https://www.tup.com.cn,010-83470410
印 装 者:三河市龙大印装有限公司
经　　销:全国新华书店
开　　本:185mm×260mm　　　印　张:11.25　　　　字　数:268 千字
版　　次:2021 年 5 月第 1 版　　　　　　　　　　　印　次:2025 年 1 月第 5 次印刷
定　　价:49.00 元

产品编号:086232-01

PREFACE 前言

在界面设计领域,初学者对于"设计"二字的理解容易陷入"图形""图标""色彩"形式表现范畴的世界中不能自拔。在"形式追随功能"的理念中,定义界面设计中功能的逻辑思考较少。随着学习的深入,学生逐渐发现,所谓的"设计"其实是一种手段,这种手段可以帮助设计师团队满足用户的需求,实现项目的愿景。

本书定位偏向实战。第1章主要介绍界面设计基础,旨在帮助读者理解设计师如何实现人机友好体验。界面设计师不仅需要做出的界面"好看",更应建立"好看+好用=合格界面设计"的设计理念,将自己作为程序员与使用者之间的桥梁,由郑州轻工业大学刘娟、胡茜茜共同完成;第2~4章主要介绍在界面设计过程中,应该掌握的启动、工具图标的设计规范和实例演示,解开在一个狭小的矩形空间中所包含的几何、视觉、图形的奥秘,由超人的电话亭工作室柯皓完成;第5章主要以电商类、音乐类移动端界面设计为实战案例,通过对界面设计步骤的详解,帮助设计师熟练掌握相关软件的操作技能,由郑州轻工业大学刘娟、张春鹏共同完成;第6章主要介绍网站界面设计的内容,通过对网站设计基本流程、网站类型、技术原理、设计规范等知识的详解,并配以丰富的图文案例及设计工具介绍,帮助设计师高效地设计出兼具良好视觉表现与优秀用户体验的网站设计作品,由BYMDesign主理人兼创始人保永明完成。敏创(天津)科技服务有限公司负责了本书的技术支持。

本书主要面向处于求学阶段的设计学类的学生及由其他专业转向界面设计的人员。本书所涉及的案例均提供相应的讲解视频、PPT文件,为教学互动提供较为全面的技术支持。

由于编者水平有限。书中难免有不足之处,敬请各位专家、读者指导与斧正。

编　者
2020 年 12 月

CONTENTS

目录

第 1 章

UI 设计基础

GUI(graphical user interface,图形用户界面)又称图形用户接口,是指采用图形方式显示的计算机操作用户界面。UI(user interface)设计是指对软件的人机交互、操作逻辑、界面美观的整体设计。从进入机器生产时代,UI 的概念就已经产生了,随着社会科技和生活的进步,以及用户对美好生活的向往,UI 的概念逐渐健全与完善。

◎ **学习目标**

    (1)理解 PC 端 UI 设计与移动端 UI 设计的区别。

    (2)理解响应式网页设计与自适应网页设计。

    (3)了解 UI 设计规范。

    (4)理解交互设计和用户体验。

    (5)了解 UI 设计风格。

    (6)了解经典设计法则在 UI 设计中的应用。

    (7)掌握色彩知识。

    (8)认识构建一套 UI 设计规范的重要性。

◎ **基本技能**

    (1)版式设计。

    (2)色彩应用。

1.1 认识 UI

UI(user interface)即用户界面。UI 设计是指对软件的人机交互、操作逻辑、界面美观的整体设计。UI 设计主要包括三个部分：交互设计、用户研究和界面设计。视觉上看到的设计包括图标、App 界面、软件、网页、按钮、游戏界面。

1.1.1 PC 端设计与移动端 UI 设计的区别

科技飞速发展，互联网已成为我们生活中必不可少的一部分，手机、计算机等智能终端在我们的生活中如影随形，UI 设计行业发展朝气蓬勃。因载体的不同，PC 端 UI 设计和移动端 UI 设计存在一些异同，具体见表 1-1。移动端交互手势如图 1-1 所示。

表 1-1 PC 端 UI 设计与移动端 UI 设计的区别

UI 设计	PC 端	移 动 端
屏幕尺寸	屏幕尺寸相对较大(19～24 英寸)	屏幕尺寸相对较小(5～5.5 英寸)
系统支持	Windows、Mac OS	iOS、Android
交互方式	鼠标单击、双击、滑动等	手指点击、上下滑动、长按、左右滑动和单指操作(如图 1-1)
精准度	鼠标指针很小，精准度非常高	手指的精准度低于鼠标指针
图标或按钮	PC 端图标尺寸是移动端的 1/3 或 1/4	以屏幕尺寸为 1080×1920 像素(小米 3)为例，启动图标尺寸为 144×144 像素
设计显示区域	网页中的 UI 设计首页内容较多，可减少层级	屏幕显示尺寸有限，每页放置内容有限，增加层级页面可将信息内容完整展示

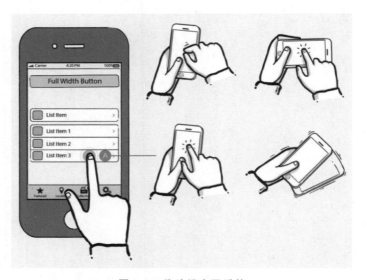

图 1-1 移动端交互手势

1.1.2　响应式网页设计与自适应网页设计

新型设备不断增加,旧型设备依然存在,这种快速发展及日趋加剧的互联网设备多样化,使得网页设计不再有标准的屏幕尺寸。基于一个固定尺寸对界面进行设计,已无法满足用户设备多样化的需求。

根据不同设备环境自动响应及调整、在不同大小的屏幕分辨率上可以呈现相同页面,这种全新的布局设计思维模式,不是为每个终端做特定的版本,而是为不同的终端用户提供更加舒适的界面和更好的用户体验,这种概念称之为"响应式网页设计"。

响应式网页设计可以使一个网站兼容多个不同终端。

通俗来说,自适应网页设计也是响应式网页设计,响应式网页设计也是自适应网页设计。但是真正细分起来,自适应只是响应式的一个子集,指网页中整体大图的自适应或者banner 的自适应。

理论上来说,响应式网页设计在任何情况下都比自适应网页设计好一些,但在某些情况下自适应布局更加实用。

流体网格的网站适合响应式网页设计,响应式网页设计优势如下。

(1) 面对不同分辨率的设备灵活性较强。

(2) 能够快捷解决多设备显示适应问题。

固定断点的网站适合自适应网页设计,自适应网页设计优势如下。

(1) 代价更低,测试更容易,这往往让它们成为更切实际的解决方案。

(2) 自适应布局可以让设计更加可控,因为它只需要考虑几种状态就可以了。

虽然响应式、自适应网页设计为兼容各种设备会带来工作量大、代码累赘、加载时间长的缺点,但它们能"一次设计,普遍适用",可以根据屏幕分辨率自适应以及自动缩放图片、自动调整布局,它们不只是技术的实现,更多的是对于设计的全新思维模式。

响应式网站举例如图 1-2 所示。

图 1-2　响应式网站举例

1.1.3　UI 设计基础概念

从事 UI 设计需要理解物理像素、逻辑像素、倍率的含义。

（1）屏幕由许多个像素点组成，每个点发出不同颜色的光，构成人们看到的画面。像平时人们熟悉的 iPhone 6S 屏幕就是由 750 行、1334 列像素点组成的矩阵图。设计师作图所用的分辨率就是指物理像素，单位为 px。

（2）逻辑像素又叫逻辑点，是控制屏幕内容显示多少的单位，单位符号为 pt。

程序员在开发环节必须将设计师提供的物理像素转换成逻辑像素，并通过逻辑像素控制页面显示哪些内容。不同设备逻辑像素与物理像素的比例是不同的。每个设备的物理像素都是固定不变的，我们调节显示器的分辨率其实调节的是逻辑像素。

物理像素在硬件层面构成了液晶屏幕，逻辑像素在软件层面构成了画面图像。

（3）倍率。倍率＝物理像素数/逻辑像素数。如果 1 个逻辑像素对应 1 个物理像素，则 1pt＝1px 中，倍率为 1x；如果 1 个逻辑像素对应 1.5 个物理像素，则 1pt＝1.5px，倍率为 1.5x；如果 1 个逻辑像素对应 2 个物理像素，则 1pt＝2px，倍率为 2x；如果 1 个逻辑像素对应 3 个物理像素，则 1pt＝3px，倍率为 3x，如图 1-3 所示。

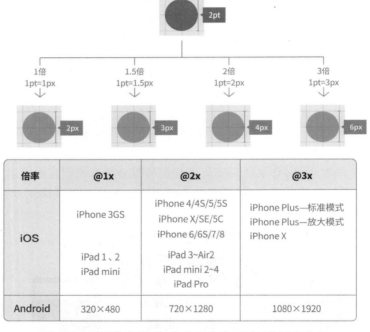

图 1-3　逻辑像素（软件）与物理像素（设备）的对应关系

那么 iOS 设计时应选择何种倍率？如图 1-4 所示。

选择倍率要从开发换算、设计成本、效果查看、倍率转换、切图五个方面综合选择。

1. 开发换算

程序员拿到设计师提供的标注图以后，需要将标注中的物理像素转换成逻辑像素，即将 px 转换为 pt，这里便涉及换算的问题。通常设计图中元素尺寸在三位数以内，对于一般人而言三位数以内除以 1 最容易，2 其次，3 最难。本轮排序 1x＞2x＞3x。

图 1-4　设备像素缩放比

2. 设计成本

在 2x 逻辑像素下，列表高 60px，头像高 51px，二者不可能刚好居中对齐，势必偏移 1px，手机实际显示偏移 2px；在 3x 物理像素下，列表高 150px，头像高 100px，转换到 1x 逻辑像素，100 不能被 3 整除，势必造成偏移。为保证落地效果，1x 倍率下尺寸必须为偶数，2x 倍率下尺寸必须为 4 的倍数，3x 倍率下尺寸必须为 6 的倍数。本轮排序 1x＞2x＞3x。

3. 效果查看

人们通常会将效果图导入对应设备中进行查看，目前主流设备都采用 2x 或 3x 倍率，1x 的设计图在主流设备上成倍放大的同时，分隔线、描边线也会成倍地放大，如果不对这些细节进行二次调整，终端效果会很不理想。由于 2x、3x 之间等比缩放跨度不大，故而逻辑像素相同的两个 2x、3x 可以直接查看彼此的效果图，3x 比 2x 效果好些。本轮排序 3x＞2x＞1x。

4. 倍率转换

1x 转换 2x、3x 极为方便；2x 转换为 1x 需要除以 2，转换 3x 需要乘以 1.5，较为便捷；3x 转换 2x 需要除以 3 乘以 2，转换 1x 需要除以 3，比较烦琐。本轮排序 1x＞2x＞3x。

5. 切图

1x 设计图必须另外导出 2x、3x 两套切图，2x 设计图导出 3x 需放大 1.5 倍，3x 设计图导出 2x 需要除以 3 再乘以 2。本轮排序 2x＞3x＞1x。

综合比较分析，只有 2x 倍率设计图方便向上向下适配转换。

那么在确立 iOS 设计尺寸以后，Android 是否需要另出一套图呢？答案是看需求，可以一稿配双平台。在 2x 倍率下，iOS 有 640×1136、750×1334、750×1624 三种主流分辨率，Android 统一为 720×1280，两个平台采用相同的 App 设计规范，逻辑像素换算方式一样，程序员会根据同一份标注图进行开发，实现页面中元素尺寸完全相同。在 iOS 三种尺寸中，750×1334 最接近 720p，宽度仅相差 30px，相差比仅为 0.04，适配无差别，故而可以一稿配双平台。如果对实现效果要求较高,就需要按 720×1280 再出图。如图 1-5 所示。

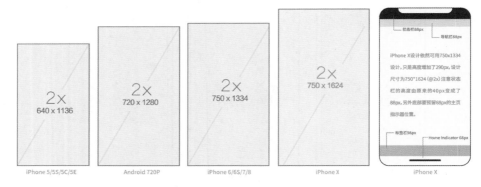

图 1-5　设备像素显示效果

1.1.4　UI 设计常用工具

1. Adobe Photoshop CC

Adobe Photoshop CC 是一款优质的专业图形图像处理软件。它拥有非常强大的功能,包括新增的自动人脸识别、指导编辑、前景/背景抠图等,可以为用户提供高效便捷的图像处理手段,大大提高了工作效率和工作质量。如图 1-6 所示。

图 1-6　Adobe photoshop CC 启动界面

2. Adobe illustrator CC

Adobe illustrator CC,常被简称为 Ai,是一种应用于出版、多媒体和在线图像的工业标准矢量插画的软件。如图 1-7 所示。

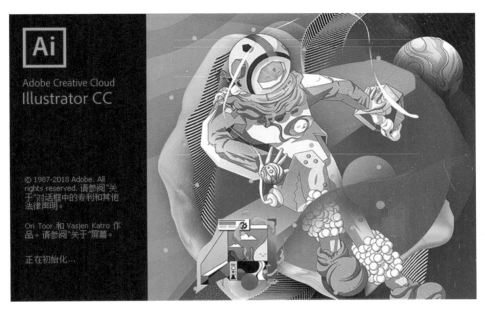

图 1-7　Adobe illustrator CC 启动界面

　　作为一款矢量图形处理软件,主要应用于印刷出版、海报书籍排版、专业插画、多媒体图像处理和互联网页面的制作等,也可为线稿提供较高的精度控制,从小型设计到大型复杂项目设计均适用。

　　注:Adobe 公司产品会不定期进行版本更新,本书制作案例所使用版本为 Adobe Photoshop CC、Adobe illustrator CC。由于软件内所使用工具较为常见,通常情况下,更新版本变化较少,不会影响读者后期学习制作案例。

1.2　UI 设计与用户体验概述

　　UI 设计师不仅要能设计出精致的图标、美观的界面,还要最大限度地提升用户体验,通过色调影响用户的操作习惯,用颜色或图形明确产品功能、内容的主次和展示,降低用户的记忆负担,让软件操作变得舒适、简单、自由。

1.2.1　交互设计是什么

　　为什么人机"交互"需要"设计"? 交互设计(interaction design,IxD)被定义为"对于交互式数字产品、环境、系统和服务的设计"。交互设计定义人造物的行为方式,即人工制品在特定场景下的反应。

　　交互设计建立了人与计算机便捷沟通的通道,它的目标是创造可用性和用户体验俱佳的产品。

　　作为 UI 设计师,在视觉设计层要考虑布局和交互原则,以使用户界面更友好,所以,视觉设计师是交互设计中非常重要的角色。如图 1-8 和图 1-9 所示。

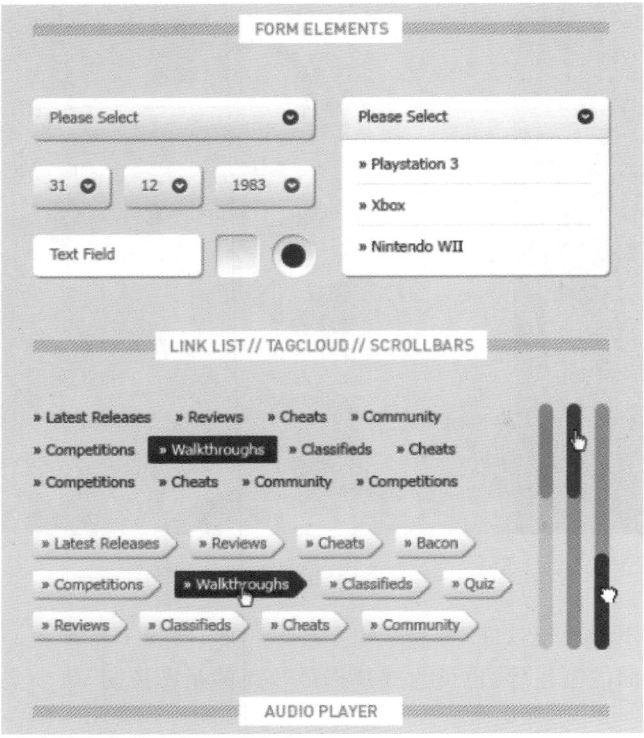

图 1-8　UI 控制面板示例

1. 使用场景

使用场景是根据产品的功能和平台决定的。PC 端的使用场景是正襟危坐、手持鼠标，而移动端则是随时随地使用，用户可能在地铁里、在吃饭时使用，甚至在辗转反侧睡不着时没有开灯地浏览等。

2. 操作手势

PC 端目前主要依靠鼠标操作，鼠标控制的最小单位甚至可以是 1 像素；移动端设备中用户使用手指操作界面。

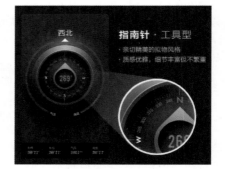

图 1-9　UI 指南针界面示例

1.2.2　UX（用户体验）设计概述

1. UX（用户体验）的构成

从软件产品层面来讲，UX 主要是指能够直接与用户交互的用户界面。用户界面是用户对产品的第一印象，因此，如果产品开发者将设计部分委托给设计师来制作，若不详细列出要求,产品功能的原意往往会被曲解,这种事情经常发生。所以,产品开发者在列出的要求中,应包含产品的所有要素(用户需求、商业目标以及技术需求等)。

有一个非常著名的模型能够清楚地解释 UX 的构成。用户只能看到表现层的用户界面,但只要剥离了用户界面,就能看到下面的框架层。支撑框架层的就是再下一层的结构层,结构层来自范围层,而范围层的基础就是战略层——这就是加瑞特倡导的"用户体验要素"。

通过图 1-10 UX 用户体验要素模型不难看出,用户界面这一表现层所能体现的内容是非常有限的,多数和 UX 相关的内容必须从框架层和结构层来了解。在某些情况下,甚至必须返回到最根本的战略层来考虑。

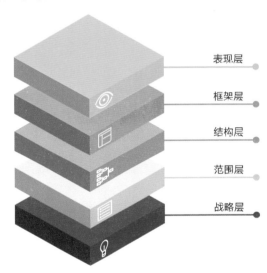

图 1-10　UX 用户体验要素模型

UX 由战略层、范围层、结构层、框架层、表现层五层组成[①]。

UX 不是在完成产品开发后再下功夫也能做好的。如果没有从最初的企划阶段开始一步步积累,就实现不了优秀的用户体验。

2. UX (用户体验)的实现方法

使用 UCD(user centered design,以用户为中心的设计)思想设计 UX,可以避免在考虑问题、设计产品时过于注重技术(即技术优先),从而更好地从用户的角度出发设计产品。

因为 UCD 只是一种设计思想,并不代表实际的操作方法,所以开发流程会因开发对象的产品、开发团队以及开发环境的不同而不同。因此,有实际经验的工作人员和研究人员各自开动脑筋,开发出了许多 UCD 的变种。但这些变种的 UCD 都具有相同的框架层,如图 1-11 所示。

(1) 调查:把握用户的使用状况。

---

① 加瑞特(Jesse James Garrett).用户体验要素:以用户为中心的产品设计(原书第 2 版).范晓燕,译.北京:机械工业出版社,2011.

（2）分析：从使用状况中探寻用户需求。

（3）设计：设计出满足用户需求的解决方案。

（4）评测：评测解决方案。

（5）改进：对评测结果做出反馈，改进解决方案。

（6）反复：反复进行评测和改进。

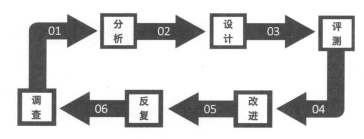

图 1-11　UCD（以用户为中心的设计）流程

UCD 从把握用户需求开始，反复进行评测和改进，以达到提高 UX 品质的目的。UCD 的存在并不是为了应对用户提出的"我们需要这样的功能""这部分希望能改成这样"等要求和不满。

首先，设计师需要通过观察用户以及进行用户访谈等手段，把握用户的实际使用情况，从而挖掘潜在的用户需求。

其次，设计师需要考虑实现用户需求的方法。此时需要的并不是立刻实现开发团队的创意，而是先制作一个简单的模型，然后请用户使用这个模型，评测该创意的可行性。如果在评测时发现了未能满足用户需求的地方，就要改进模型。然后把改进后的模型交给用户，再次评测改进方案的可行性。通过这样循环往复地评测和改进，逐渐完善用户体验。

3. UCD 的要点

1）流程的质量

设计用户界面并没有什么秘籍，无论技术多么高超，读过多少本指导书，都是不够的。只有遵循优秀的流程，才能做出优秀的界面。

但是不能简单地理解为"只要遵循了流程就完全没问题了"。进行过怎样的用户访谈，做过怎样的分析，制作了怎样的产品模型，做过怎样的测试，如何改进——这些步骤都是制作出优秀的用户界面重要的环节。

2）螺旋上升的设计流程

UCD 虽然要经过反复的评测和改进（反复设计），但并不意味着返工。在过去的直线型设计流程（以瀑布模型为代表）里，原则上绝不允许返回到上一个步骤，但是 UCD 从一开始就注定会是一个"螺旋上升式"的开发流程。

为了在最短的时间内，以最低开销进行反复设计，我们可以从手绘的用户界面开始，一边逐渐完善用户界面，一边反复进行评测和改进。

3）用户的参与

需要从用户的角度考虑问题，不要仅凭自己的想象，否则修改后的设计与之前的相比不会发生任何变化，从而失去了修改的意义。因此，UCD 必须要有真实用户的参与。

要做到这一点，开发团队不仅需要专业的技术，更需要具备与人打交道的本领。这种本领并不是所谓的心理学、人体工程学等方面的专业知识，而更接近于那些需要敏锐把握用户需求的营销人员应该具备的技术。反复并不意味着返工，而是通过反复评测和改进，达到完善产品的目的。如图 1-12 所示。

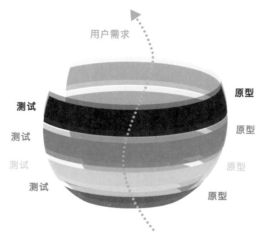

图 1-12　用户参与测试图

4. UX 的国际标准

早在 1999 年，以用户为中心的设计就有了国际标准 ISO 13407。2010 年该标准被修订，改为 ISO 9241-210。于是，长期以来大家熟悉的国际标准 ISO 13407 就完成了自己的使命，由国际标准 ISO 9241-210 担起了这份责任。

国际标准 ISO 9241-210 包含被广泛研究实践过的以用户为中心/以人为中心的方法。它并没有详细地介绍每一种方法，只是定义了流程的框架层。因此，该标准虽然有 8 章，但除去附录，只有 20 页，内容非常简洁。

虽说十年后的这次修订并未对 UX 的国际标准的内容和条目做较大修改，但增加了一些大家都十分关注的要点。

1）UX 的定义

首次将用户体验定义为国际标准。

用户体验是指用户在使用或预计要使用某产品、系统及服务时产生的主观感受和反应。

（1）用户体验包含使用前、使用时及使用后所产生的情感、信仰、喜好、认知印象、生理学和心理学上的反应、行为及后果。

（2）用户体验是指根据品牌印象、外观、功能、系统性能、交互行为和交互系统的辅助功能、以往经验产生的用户心理，以及用户身体状态、态度、技能、个性和使用状况的综合结果。

（3）如果从用户个人目标的角度出发，可以把随用户体验产生的认知印象和情感算在产品可用性的范畴内。因此，产品可用性的评测标准也可以用来评测用户体验的各个方面。

2）以人为中心的设计的适用依据

以人为中心的设计主要有以下七个优点：

（1）可以提高用户的工作效率和组织的运作效率；

（2）容易理解也容易使用，可以缩减培训费用；

（3）提高设计成果的可访问性；

（4）提升用户体验；

（5）减少用户的不满，减轻设计团队的压力；

（6）改善品牌形象，扩大竞争优势；

（7）为可持续发展做出贡献。

3）以人为中心的设计原则

以下列举了以人为中心的设计方法所应遵循的六项原则：

（1）设计要基于对用户、工作及环境的明确理解；

（2）用户参与从设计到开发的整个过程；

（3）设计需经用户反复评测，不断地改进并精益求精；

（4）流程可反复进行；

（5）设计需全面考虑用户体验；

（6）设计团队需掌握多重技能并具备开放视角。

4）以人为中心的设计活动

图 1-13 为国际标准 ISO 13407 中被经常引用的"以人为中心的设计活动的相互依存性"，该图会时常进行一些调整。决定使用以人为中心的设计时，处于本图中心位置的四种活动是必须要进行的[①]。

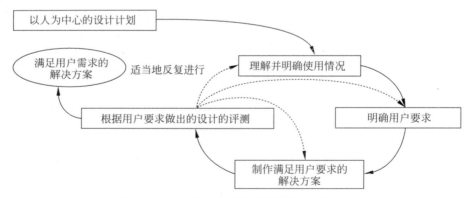

图 1-13　以人为中心的设计活动的相互依存性

---

① 〔日〕樽本徹也.用户体验与可用性测试[M].陈啸,译.北京：人民邮电出版社,2015.

1.3　UI 设计风格

　　UI(用户界面)和 IxD(交互设计)是两个存在交集的概念,UI 需要考虑的范围更广一些。UI 包含 IxD,也可理解为 UI 需要得到 IxD 的支持;IxD 可以在没有 UI 的情况下先行设计,但 UI 必须依据 IxD 组织界面的操作流和页面需要表现的信息结构。

　　图 1-14 是 MAC OS 1.0(1984)的操作界面,设计最终的呈现包含了交互设计的集合(含菜单、按钮、窗口操作等)、形象化的图像按钮、窗口以及界面信息的排列方式。整体来看,MAC OS 1.0 就是一个类似皮肤的界面样式,界面的设计应服务于应用工具的功能。

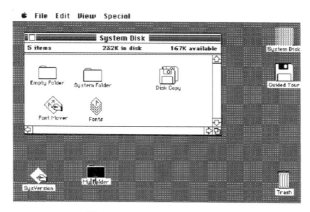

图 1-14　MAC OS 1.0 界面

1.3.1　扁平化

　　扁平化完全属于二次元,这个概念最核心的地方就是放弃一切装饰效果,诸如阴影、透视、纹理、渐变等能做出 3D 效果的元素一概不用,所有的元素边界都干净利落,没有任何羽化、渐变或者阴影。尤其在手机上,更少的按钮和选项使得界面干净整齐,使用起来格外简洁,可以更加简单直接地将信息和事物的工作方式展示出来,减少认知障碍的产生。如图 1-15 和图 1-16 所示扁平化图标举例。

图 1-15　扁平化图标举例 1　　　　　　　　图 1-16　扁平化图标举例 2

1.3.2　拟物化

拟物化图标与实物相近,比较直观,就算是老年用户也能看明白其代表的意思。拟物化图标在 iOS 系统中发展到了最高峰,材质、光影的表现是拟物化图标的核心理念。图 1-17~图 1-19 所示为拟物化图标举例。

图 1-17　拟物化图标举例 1

图 1-18　拟物化图标举例 2　　　　图 1-19　拟物化图标举例 3

1.4　UI 设计原则

UI 设计应具有界面清晰明了、操作高效、设计风格一致、界面美观大方的特征。

1.4.1　经典设计法则在 UI 设计中的应用

经典设计法则主要遵循的是形式美的规律,是指造型形式诸要素间普遍的必然联系,它是稳定且永恒的,是指一切造型形式构成的永久性原则,它是综合具体艺术工作的抽象规范,是可以适应于多种艺术形式的一般法则,也是 UI 设计所必须遵循的法则。

UI 设计虽然没有现成的公式可循,但是能否将形式美的诸多规律加以巧妙的结合和运用,是保证设计成功的关键。UI 设计中形式美规律的具体表现如下。

1. 和谐的主次关系

和谐并不是乏味、单调,单独的一种颜色、一根线条无所谓和谐,几种元素具有基本的共同性和融合性才能称为和谐。和谐的主次关系组合也需要保持一定的差异性,但当差异性表现得过于强烈和显著时,和谐的格局就向对比的格局转化。如图 1-20 所示。

图 1-20　和谐的主次关系例图

2. 对比与统一

对比又称对照,存在于相同或相异的性质之间。把反差很大的两个视觉要素成功地列在一起,产生大小、明暗、黑白、强弱、粗细、疏密、高低、远近、软硬、曲直、浓淡、动静、锐钝、轻重的对比,使人在感到鲜明强烈的感触的同时,仍具有统一感的现象,称为对比。统一是指适合、舒适、安定,是近似性的强调,能够使两者或两者以上的要素相互具有共性。对比与统一是相辅相成的,在 UI 设计中,整体界面宜统一,局部界面宜对比,这样能使主题更加鲜明,视觉效果更加活跃。如图 1-21 所示。

3. 比例与适度

比例是形的整体与部分、部分与部分之间的一种比例关系,是一种用几何语言和数列词汇表现现代生活和现代科学技术的抽象艺术形式。恰当的比例可以产生和谐的美感,优秀的界面设计构成,首先取决于良好的比例。比例常常表现为一定的数列:等差数列、等比数列、黄金比等,其中黄金比能得到最大限度的和谐,使版面被分割的各部分之间产生相互的联系。适度是界面的整体与局部与人的生理或心理的某些特定标准之间的大小关系,也就是界面设计要从视觉上适合读者的视觉心理。比例与适度通常具有秩序、明朗的特性,给人一种清新、自然的感觉,是界面设计中一切视觉单位的大小以及各单位间编排组合的重要依据。如图 1-22 所示。

图 1-21 对比与统一例图

图 1-22 比例与适度例图

4. 对称与均衡

对称的最简单形式就是两个同一形的并列与对齐,对称就是同等同量的平衡。对称的形式有:以中轴线为轴心的左右对称、以水平线为基准的上下对称、以点为对称中心的中心对称、以对称面出发的反转形式。对称的特点是在视觉上给人以自然、安定、均匀、协调、整齐、典雅、庄重、完美的朴素美感,符合人眼的视觉习惯。在界面设计中应用对称法则,要注意避免由于过分的对称而产生单调、呆板的感觉。有时在整体对称的格局中加入一些不对称的因素反而能增加构图版面的生动性和美感。如图 1-23 所示。

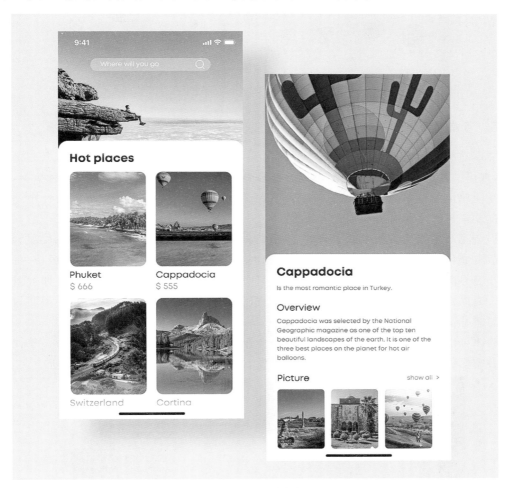

图 1-23　对称与均衡例图 1

均衡是界面设计中的一种有变化的平衡,但并非力学上的平衡,而是根据形象的大小、轻重、色彩及其他视觉要素的分布,作用于视觉判断的平衡。它运用等量不等形的方式表现矛盾的统一性,揭示内在的、含蓄的秩序和平衡,达到一种静中有动或动中有静的条理美和动态美。均衡的形式富于变化,具有灵巧、生动、活泼、轻快的特点。界面设计中,各构成要素通常以视觉中心(视觉冲击最强的区域的中点)为支点,以保持视觉意义上的力度平衡。如图 1-24 所示。

图 1-24　对称与均衡例图 2

5. 节奏和韵律

节奏与韵律的概念来自于音乐。节奏是一种重复的循环,比如形状的渐变、长短的渐变等,体现出节奏的美感。人的心脏跳动是有节奏的,春、夏、秋、冬的变化也是一种节奏,节奏的重复使单纯的更单纯、统一的更统一。节奏这个具有时间感的用语在界面设计中是指同一视觉要素连续重复时所产生的运动感。

当节奏产生变化时就形成了韵律,韵律是比节奏更高一层的旋律,韵律比节奏更轻松优雅。节奏变化大则产生强节奏,比如几何级数的重复,使版面效果强烈、刺激、振奋,犹如摇滚乐。当界面设计要素以相同间隔排列时,节奏变化小,界面设计效果缓和,犹如抒情的小夜曲。当界面上的图形、文字、色彩在组织上符合某种旋律时,就会让我们在心理和视觉上产生韵律感。

韵律可以给版面带来生气和活力,甚至会让阅读者被版面所吸引,产生共鸣。韵律是通过节奏的变化产生的,但必须把握变化的程度。如图 1-25 所示。

图 1-25　节奏和韵律例图

6. 虚实与留白

　　留白作为设计中常见的一种构图形式,是一种独特的视觉语言,往往有助于信息的传达、情感的交流,可以起到以少胜多、提升作品感染力的作用。留白在营造画面意境和丰富画面节奏两方面具有独特的艺术表现力;在使设计主题更突出,激发人的想象力和进一步简化设计方面具有重要的作用。如图 1-26 所示。

　　UI 设计师在进行界面设计时,应该少用杂乱的艺术手法扰乱用户,多用中国画的留白技巧,在留白中给用户留下更多的想象空间。画面中合理设计黑白关系,可以使版面形成强烈的视觉冲击效果。

图 1-26　虚实与留白例图

1.4.2　格式塔心理学在 UI 设计中的应用

　　格式塔心理学作为著名的心理学派,其理论适用于所有与视觉相关的领域。UI 设计主要是以人机交互界面为主,它不仅关注一些设计、视觉上的使用体验,还可以适当地将格式塔心理学的分析法运用其中,以梳理界面的信息结构、层级关系,提升界面的可读性。

　　格式塔心理学在 UI 设计中的运用主要体现在以下七个方面。

1. 接近性原理

　　人们潜意识里会把联系更紧密的事物视为一组,在 UI 中最常见的就是列表和文字展示、图文展示。在列表页信息较多时,通常会把功能接近的信息放在一起,利用接近原理,使它们在视觉上趋于一个整体,这样能让界面功能清晰易懂,不至于杂乱无章。如图 1-27 所示。

2. 相似性原理

　　相似和接近是两种不同的概念,相似是将某一方面相似的部分组成整体,强调内容,接近强调位置。具有相同特征(如形状、颜色、阴影、质量、方向等)的东西被视为相似。另外,在人们的潜意识里,如果形状和颜色的比重不一样,在大小相同的情况下,人们更容易把颜色相同的看成一个整体,而忽略掉形状的不同。如图 1-28 所示。

图 1-27　接近性原理例图

图 1-28　相似性原理例图

3. 连续性原理

　　人的视觉具备一种运动的惯性,会追随一个方向延伸,以便把元素连接成一个整体。人们的视觉系统倾向于感知连续的形式而不是离散的碎片。在网页和界面设计中,最基本的原则是让用户看到后知道点击哪里。设计师需要通过视觉手段突出想表达的元素,设计出一条视觉层级排列元素,最大限度地提高可点击位置的被感知能力,引导用户的眼睛遵循一定的路径,帮助用户完成任务。如图 1-29 所示。

图 1-29　连续性原理例图

4. 对称性原理

人们的思维倾向于将复杂场景分解为简单场景，会自觉地把周围的物体看作是围绕着某个中心点。这个原理说明，组合不应该给人混乱或不平衡的感觉，否则用户将花费时间尝试寻找到丢失的元素或修复不平衡。所以在设计中，应该制造这种中心对称，即平衡感。人们的视觉在观察物体时，会下意识地寻找它们的平衡点，元素在页面上处于一种平衡状态时，会让人心情舒缓愉悦。在 App 界面设计中平衡感尤为重要，可能你都没意识到它，但却在设计时不自觉地使用它了。如图 1-30 所示。

5. 封闭性原理

人们在观察某种事物时，会自动地把一些不完整的图形在脑海中封闭起来，形成一个整体图形。视觉系统自动尝试将敞开的图形封闭起来，对已知连续图形进行封闭认知，从而将其感知为完整的物体而不是分散的碎片，就是封闭性原理。人的眼睛在观察时，大脑并不是在一开始就区分各个单一的组成部分，而是将各个部分组合起来，使之成为一个更易理解的统一体，这个统一体就是日常生活中常见的形象，如正方形、圆形、三角形，以及猫、狗等。这一原理在很多地方都会用到，比如在满屏页面时，人们总会露出下一个模块的边角，或是左右滑动的轮播图，这本质上都是利用了封闭性原理。如图 1-31 所示。

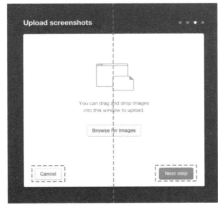

图 1-30　对称性原理例图　　　　　图 1-31　封闭性原理例图

6. 主体与背景关系原理

主体背景原理也叫地面原理。人们的大脑将视觉区域分为主体和背景,主体包括场景中占据我们主要注意力的所有元素,其余的则是背景。人们在看一个页面时,总是不自觉地将视觉区域分为主体和背景,而且会习惯把小的、突出的部分看成是背景之上的主体。主体越小,主体与背景的对比关系越明显;主体越大则关系越模糊。在 UI 设计中,最常见的区分背景和主体的方式就是蒙版遮罩以及毛玻璃效果,二者都能起到弱化背景、突出主体的作用,使对比关系更明显。如图 1-32 所示。

图 1-32　主体与背景关系例图

7. 过去经验原理

人们会自动应用之前形成的经验去完成当下的工作,这也是我们在做一些产品时,为什么不要盲目创新而应该做微创新,不要去挑战用户已有的操作习惯的原因。假设我们把 Ins 的发布照片按钮从中间移动到最右侧,把淘宝立即购买和加入购物车换一个位置,一定会被用户"吐槽",原因很简单,用户不习惯,这就是用户过去经验原理,设计时一定要考虑到。如图 1-33 所示。

图 1-33　过去经验原理例图

1.5　基于移动 App 的设计配色

在 App 界面设计中，配色是仅次于其使用功能的另一个主要因素。良好的色彩搭配可以帮助用户更加快速地掌握 App 的操作流程，为用户带来更优质的操作体验。建立一套好的 App 配色方案，可以使界面更加独特，让人印象深刻。

1.5.1　色彩搭配法则

1. 颜色和情感

当人们最初接触到某一界面产生第一印象时，色彩的吸引力往往高于其外部造型所产生的印象。适当地应用色彩能够增强画面的感染力，提升人们的印象与感觉，不同的色彩常常影响着人对于界面的整体感受。

下面就来看一下，不同色彩给人们带来的不同感受，从而启发我们为产品选择合适的色彩取向。

1) 红色

红色充满活力、热情与力量，在界面设计中主色彩使用饱和的红色，能够体现出热情、娱乐的感觉，具有非常强烈的视觉效果。但红色的 App 相对较少，因为大多数情况下因为过于浓烈，设计者不太敢于大范围使用鲜艳的红色，与饱和的红色相比，界面的主色彩往往偏向于使用低明度或低彩度的红色，而饱和度较高的红色则作为强调色使用。如图 1-34 所示。

图 1-34　红色界面

2) 橙色

橙色因其色调的不同，带给人的感受也不尽相同。高亮度橙色的 App 通常给人一种晴朗新鲜的感觉；中等色调的橙色通常用来营造自然的氛围；饱和度高的鲜艳橙色可以给人愉快亲近的感觉；当橙色的色调降低会变成褐色，整个界面就会散发出秋天的味道。此外橙色给人一种味觉上的感受，能够挑起人们的食欲，所以许多和食品相关的网站大多使用橙色。在网页设计中使用橙色，一定要注意面积的控制，以高彩度橙色作为主色彩时整个界面会显得生动活泼；以橙色作为辅助色时，往往可以起到画龙点睛的作用，鲜活感也会更加突出。如图 1-35 所示。

图 1-35 橙色界面

3）黄色

黄色本身具有明朗愉快的效果，给人温暖的感觉，也是界面设计中使用最广泛的颜色之一。相比橙色而言黄色更加轻快、时尚，也同样具有增强食欲的作用。在界面设计中，如果哪些地方需要进行强调可以选择使用黄色，黄色是界面设计中最常用的强调色。使用黄色时由于考虑到其明度高的特点，一般需要选择一些较深的色彩进行搭配，从而减轻视觉疲劳。如图 1-36 所示。

图 1-36 黄色界面

4）绿色

绿色象征着自然、生命、健康、安全，给人以温和、平静、可信赖的感觉，通常应用于与健康、医疗、教育等相关的 App 界面设计中。作为中性色的绿色总是给人积极向上的印象，几乎可以与任何颜色搭配，使整个界面既亲切又生动。但是需特别注意的是，绿色有时代表"下跌"的意思，所以不要把绿色运用在理财产品的 App 中。如图 1-37 所示。

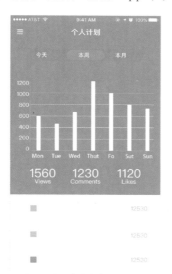

图 1-37　绿色界面

5）蓝色

蓝色是最安静的颜色，象征着理性、沉着与永恒。在界面设计中，蓝色还具有安定的作用，可以让用户沉浸在内容中，从而提高使用效率。一般可以根据需要，调节蓝色的明度和彩度。高对比度的蓝色可以给人简洁轻快的印象，低对比度的蓝色会给人一种现代都市的印象，明度和彩度过低的蓝色会给人一种悲伤忧郁的感觉。如图 1-38 所示。

图 1-38　蓝色界面

6）紫色

紫色象征着优雅与魅力，同时又包含神秘的艺术色彩，是成熟女性的象征，能够体现出她们成熟高贵的气质。一些与女性相关的网站往往偏向于使用紫色，以高明度低彩度的紫色作为主色，强调色采用中明度中彩度的紫色，从而营造出优雅大方的氛围，给人以高贵时尚的感觉。如图 1-39 所示。

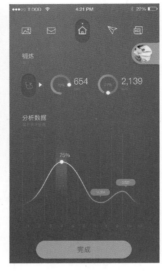

图 1-39　紫色界面

7）黑白灰

黑色象征着刚劲、严肃，白色象征着纯真、高洁，灰色则具有中性随和之美。黑白灰的色彩搭配，总是能给人简洁现代之感。在界面设计中，黑白灰基本可以和任何一种颜色和谐共处，在不影响使用功能和舒适性的前提下，使用黑白灰的色彩搭配可以使界面化繁为简，达到"简明"并且具有"深度"的效果。如图 1-40 所示。

图 1-40　黑白灰界面

2. 主色、辅助色和强调色

界面设计往往通过存在某种关系的不同色彩之间的组合，来营造页面整体的视觉氛围。想要了解色彩在界面设计中起到的作用，首先要清楚其担当的角色，根据其所起作用的主次不同，可将色彩分为主色、辅助色和强调色。

1）主色

主色是指界面色彩组合中占绝对优势的主要色相、色调，是能够代表总体色彩感觉的颜色。主色并不一定只能有一个颜色，它还可以是一种色调，最好选择同色系或邻近色中的 1～3 种颜色作为主色，只要能保持协调即可。主色往往贯穿于 App 中的所有界面，出现次数最多，所占的视觉面积也最大。在界面设计中，通常首页使用的主色面积较大，二级页面中使用的面积较小，只是将主色点缀到二级界面中。

我们可以这样去理解，设计者希望在用户刚开始使用产品时记住产品，而在用户进入信息页面后，设计师更注重易用性，即如何帮助用户找到自己需要的东西。所以，通常主色在首页使用的面积较多，而在二级页面则使用在关键的操作上。如图 1-41 所示。

首页主色面积多：加强记忆性，
突出产品的独特性

二级页面主色面积少：以内容为主，
用于加强关键操作点

图 1-41 移动界面中主色的面积

2）辅助色

辅助色仅次于主色，是用于烘托并配合主色使画面更完美、更丰富、凸显优势的色彩，以对比或调和的形态出现。同一界面不一定只能有一个辅助色，也可以有多个辅助色。

3）强调色

强调色是指与主色彩形成对比的色相、色调，在界面中所占的面积较小但引人注目。色相对比主要选用补色，色调对比则利用巨大的明度差异以及色彩面积来表现。在使用时应注意强调色的使用面积要小，小的面积才能起到强调作用，过大的面积会颠倒主次。红色、黄色常常充当强调色来使用。

3. 微妙的渐变色

所谓渐变色是指某个物体的颜色从明到暗，或由深转浅，或从一个色彩缓慢过渡到另一个色彩。色彩可以给人们不同的感受和情绪，而渐变色则可以给人们更多的想象空间。纯粹的渐变色使得色彩更加生动缓和、不单调，可以丰富整体设计感，却又不会增加视觉负担。合理地使用渐变色可以吸引用户视觉焦点，渲染氛围，提升美感，传递情绪等。

双色渐变是界面设计中最常用的创作手法之一，渐变方向主要指从一个颜色到另一个颜色的渐变角度。双色渐变分为横向渐变、纵向渐变、对角渐变三种方式。如图 1-42 所示。

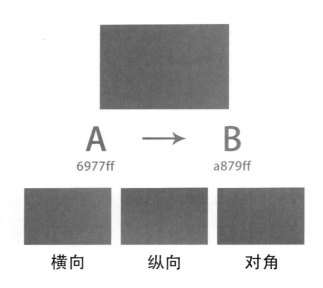

图 1-42　渐变色界面举例 1

在图片上添加渐变色,可让画面更神秘、优雅,更具吸引力,让用户注意到更重要和更关键的元素。使用过程中要注意对背景图的挑选,色调应与内容的含义相匹配,叠加后需强化页面信息的可读性,不要只为了装饰而装饰,否则呈现出来的结果会适得其反。如图 1-43 所示。

图 1-43　渐变色界面举例 2

色块渐变是指渐变的颜色不仅可以运用在一个色块上,还可以运用在一组色块上。设计师会采用相同色、同类色、近似色、对比色、补色等将每个菜单项清晰地区分开,让界面平衡在一个频率上,这样的画面多姿多彩,也更富有节奏感和舒适性。如图 1-44 所示。

图 1-44　色块渐变界面举例

1.5.2　色彩风格举例

1. 新闻类应用

　　央视新闻是国内主流的新闻类应用，界面以蓝灰色作为主色，以浅灰色作为辅助色，以纯度较高的红色、白色作为强调色，给人以简约、大气、一目了然的视觉感受，符合大众审美。如图 1-45 所示。

图 1-45　新闻类应用界面配色举例 1

　　网易新闻是一款个性化的新闻类应用，目的是为用户提供更好的新闻阅读体验。应用以大红色作为主色，搭配浅灰色，再用纯度较高的白色和蓝色作为点缀，让使用者在素雅的阅读氛围中感到生动活泼,很好地调节了受众的阅读节奏。如图 1-46 所示。

图 1-46　新闻类应用界面配色举例 2

2. 音乐类应用

　　QQ 音乐是国内最大的网络音乐平台,手机端的 QQ 音乐在界面设计上坚持走小清新路线,整体给人以欢快、明亮、自然柔和的感觉。整个应用以绿色作为主色,辅助色是高明度的灰色搭配白色,强调色选用纯度较高的橘红色。绿色作为主色使人感到年轻且富有生机,正如音乐本身带给人们的那种生命力。如图 1-47 所示。

图 1-47　音乐类应用界面配色举例 1

　　酷我音乐同样是一款手机音乐播放软件,界面风格采用比较简单的配色方案,以纯度较高的黄色搭配明度较高、深浅不同的灰色和白色,扁平化的图标搭配橘红色作为强调色,整体给人一种简单纯净的感觉。如图 1-48 所示。

名称：酷我音乐
主 色 彩　R248　G221　B68
辅助色彩　R255　G255　B255
　　　　　R245　G246　B248
强调色彩　R251　G88　B78

图 1-48　音乐类应用界面配色举例 2

3. 社交类应用

Facebook 作为社交网站的创建初衷是为学生服务，目前的受众已经扩展到社会各个群体，但其 App 的界面风格从未改变。Facebook 界面采用的蓝色调对于男女使用者都具有很强的吸引力，给人可靠、信赖的感觉；以明亮的浅灰色作为辅助色，让人在使用 Facebook 进行社交时感到平静放松；大面积的白色使界面更加通透。如图 1-49 所示。

名称：Facebook
主 色 彩　R69　G103　B177
辅助色彩　R255　G255　B255
　　　　　R206　G207　B211
强调色彩　R61　G122　B232

图 1-49　社交类应用界面配色举例 1

微信是目前国内的一款主流交友软件，是一种创新的交互方式。其界面简洁大方，主色彩采用一目了然的白色，与界面中层次不同的深灰色产生鲜明的对比从而凸显层次，选用纯度稍高的红色作为强调色。界面整体色彩简洁、一目了然，给人一种准确、利落的感觉。如图 1-50 所示。

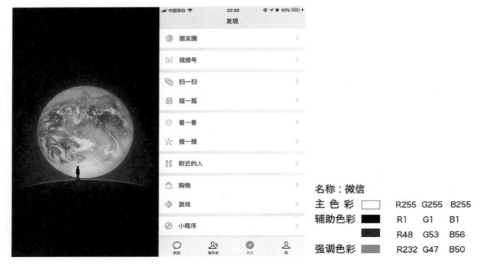

名称：微信
主色彩　　R255　G255　B255
辅助色彩　R1　　G1　　B1
　　　　　R48　G53　B56
强调色彩　R232　G47　B50

图 1-50　社交类应用界面配色举例 2

4. 购物类应用

淘宝网是亚洲最大的网络交易平台，从界面颜色上看，强调色为橙色。橙色属于暖色，可以带给人一种亲切感，同时这种高明度、高彩度的橙色容易让人兴奋，从而增加人们的购买欲。如图 1-51 所示。

名称：淘宝网
主色彩　　R225　G72　B66
辅助色彩　R255　G255　B255
　　　　　R241　G241　B241
强调色彩　R244　G91　B32

图 1-51　购物类应用界面配色举例 1

京东到家在众多购物类应用中独树一帜，没有使用购物类 App 常用的红色、橙色，而是使用了青绿色作为主色，易于消费者辨识和记忆。橘红色的强调色与主色的青绿色形成一种对比，使界面气氛更加活跃。如图 1-52 所示。

名称：京东到家
主 色 彩　　R101　G200　B92
辅助色彩　　R255　G255　B255
　　　　　　R244　G244　B244
强调色彩　　R249　G94　　B85

图 1-52　购物类应用界面配色举例 2

1.6　如何建立一套 UI 设计规范

在设计项目时，由于时间的限制及开发的频繁对接，需要在设计细节之初将设计规范制定出来，否则随着版本的不断更新，视觉问题会越来越严重。

制定设计规范不仅可以提高效率，更重要的是能够提高团队的协作能力。若一个产品不能做到统一规范，后续产生的一系列问题会相当严重。总的来说，制定一套设计规范有以下三点好处。

（1）便于协作。在多位设计师同时负责的项目里，通过设计规范能够让项目组中的每一位设计师更好地理解设计的表现规则。

（2）平台适配。设计规范的制定能够让产品在不同平台上适配，打造出一致的视觉感受。

（3）标准化。没有规范的团队所设计出的产品，一定会带来不好的用户体验。如果每位设计师都有自己的标准，那么势必会造成设计出来的产品各自产生不同的用户体验。

1.6.1　色彩控件规范

在界面的风格设计完成后，需要统一界面的用色规范。将主要的色彩罗列出来，例如主色、强调色和辅助色，在设计界面时围绕这些颜色进行设计，设计出来的作品不会出现较大的颜色偏差。如图 1-53 所示。

1.6.2　按钮控件规范

在移动端设计中，按钮有三种状态，Normal（常态）、Pressed（点击状态）和 Disable（不可用状态）。通常情况下，按钮的点击效果是颜色值为 50% 的透明度，不可用按钮的效果一般是灰色。在同款产品中，将所有的按钮罗列出来，为其制定相应的设计规范，例如尺寸、字号、描边大小(通常为 1px)、四角大小(通常为 8px)等,这样可以保证设计的一致性。如图 1-54 所示。

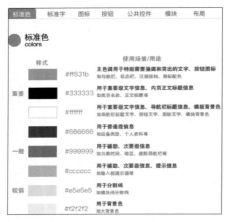

图 1-53　色彩控件规范举例

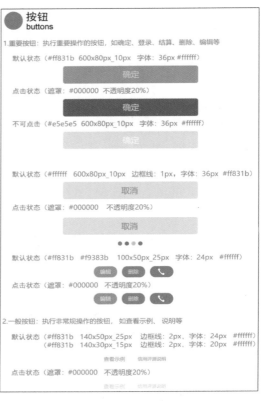

图 1-54　按钮控件规范举例

1.6.3　分割线规范

在制定分割线规范时,需要注意分割线的使用场景。在白色背景下,分割线的颜色是 #e5e5e5,粗细为 1px,如图 1-55 所示;在背景为浅灰色的情况下,分割线的颜色会用比较深的灰色 #cccccc,如图 1-56 所示。

图 1-55　分隔线使用方式 1

图 1-56　分隔线使用方式 2

1.6.4　头像规范

在头像的设计中,经常会用到带圆角的方形和圆形两种表现形式,为了保持同一个产品中用户认知的一致性,头像的设计也应该统一,如图 1-57 所示。在这两种表现方式中,圆形头像更容易聚焦,同时也显得更为饱满,原因有以下两点。

(1)方形图的边缘看起来比较明显,从视觉上容易造成干扰,而圆形更容易将视线引导到脸部。

(2)方形的对角线比较长,用户的视线也会跟着延伸出去,而圆形的直径都是一样的,不会有视线的转移,从而减少阅读时间。

社交类产品中运用头像的时候比较多,而不同场景的头像大小都会有不同的规范。App 中个人中心的头像大小为 120px×

图 1-57　头像设计的表现方法举例

120px,个人资料中的头像大小为 96px×96px,消息列表页中的头像大小为 72px×72px,帖子详情/导航中的头像大小为 60px×60px,帖子列表中同答用户的头像大小为 40px×40px,等等。如图 1-58 所示。

图 1-58　各种场景中的头像大小规范举例

1.6.5　文字规范

不同的内容信息中会有不同的字号大小要求,重要信息的字号大一些,次要的信息字号小一些。文字规范可以更好地体现主次关系,并且能让页面的信息更为一致。在阅读类软件中，正文字号通常设定为 34px，评论字号为 32px，昵称字号为 28px，描述性文字字号为 24px，最小字号不要小于 20px。如图 1-59 所示。

图 1-59　文字规范举例

1.6.6　间距规范

在移动端页面的设计中，页面中元素的边距和间距的设计规范非常重要，一个页面是否美观、简洁、通透都与间距的设计规范紧密相连。

全局边距是指页面内容到屏幕边缘的距离，整个应用的界面都应统一规范，以达到页面整体视觉效果的统一。如图 1-60 所示。

在实际应用中应该根据不同的产品气质采用不同的全局边距，让边距成为界面的一种

图 1-60　全局边距举例

设计语言。常用的全局边距有 32px、30px、24px、20px 等，当然除了这些还有更大或者更小的边距。全局边距有一个特点是数值全为偶数。以 iOS 原生态页面为例，"设置"页面和"通用"页面都使用了 30px 的边距；以微信和支付宝为例，它们的边距分别是 20px 和 24px。

通常左右边距最小为 20px，这样的距离可以展示更多的内容，不建议比 20px 更小，那样会使界面内容过于拥挤，给用户的浏览带来视觉负担。30px 是非常舒服的距离，是绝大多数应用的首选边距。如图 1-61 所示。

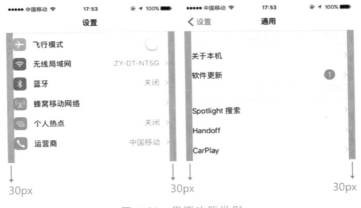

图 1-61　界面边距举例

在移动端页面设计中，卡片式布局是非常常见的布局方式。卡片和卡片之间距离的设置，需要根据界面的风格以及卡片承载信息的多少来确定，通常最小不低于 16px，过小的间距会造成用户的紧张情绪，使用最多的间距是 20px、24px、30px、40px。当然间距也不宜过大，过大的间距会使界面变得松散。间距的颜色设置可以与分割线一致，也可以更浅一些。如图 1-62 所示。

以 iOS（750px×1334px）为例，设置页面不需要承载太多的信息，因此采用了较大的 70px 作为卡片间距，有利于减轻用户的阅读负担；而通知中心承载了大量的信息，过大的间距会让浏览变得不连贯和界面视觉松散，因此采用了较小的 16px 作为卡片的间距。如图 1-63 所示。

图 1-62　界面卡片间距举例 1

图 1-63　界面卡片间距举例 2

1.6.7　图标规范

在同一款软件中,经常会用到各种各样的图标,而不同页面中的图标大小也有不同的要求。从操作性角度,可以将图标分为可点击图标和描述性图标两种。可点击图标的最小点击范围不要小于 40px×40px。例如,48px×48px 的图标是可点击图标,具有独立可操作性,点击之后可以跳转页面或产生反馈;而 24px×24px 的图标则是描述性图标,主要用在描述性的文字中,用来提高易读性,并不具备独立的操作性。如图 1-64 和图 1-65 所示。

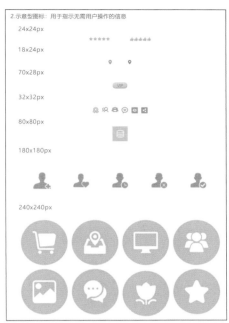

图 1-64　功能型图标规范举例　　　　　　　图 1-65　示意型图标规范举例

 课后思考

用户体验与 UI 设计的关系。

第 2 章

图标

图标是人类社会信息传递应用最广泛的语言，也是 UI 界面设计中不可或缺的视觉元素，在 UI 设计中有着非常重要的地位。用户在使用智能手机的同时，也在与各式各样的图标产生互动。

从图形界面诞生至今，图标也经历了长远的发展——无论设计的风格或相关理论。所以，读者首先要对图标的基础知识和类型有一定的认识，再展开技法的学习，才能真正学会图标设计，并结合到用户界面设计中。

◎ **学习目标**

（1）认识图标是什么。

（2）记住常见的图标类型。

（3）掌握图标所用的格式。

◎ **基本技能**

掌握 Adobe illustrator CC 绘制图标的常用工具。

2.1　图标的概念

　　图标是一种传递指定信息的抽象图形。这句话可以拆成传递指定信息和抽象图形两部分理解，下面分别对它们进行解释。

　　早在远古时期，文字还未被发明之前，原始部落就使用了抽象图形作为部落的图腾或加之于器皿之上作为装饰纹样，并用图形来区分不同的氏族和群落。如半坡氏族人面鱼纹就是一个有代表性的例子，内含原始氏族祈求渔猎的寓意，如图 2-1 所示。

图 2-1　半坡氏族人面鱼纹

　　随着社会的发展，文字被创造和广泛应用，但图形并没有被文字所替代，反而在越来越多的领域得到应用。图形与政治、宗教、民间文化等各个领域有着密切的关联。

　　例如图 2-2 所示的两个图形，分别象征了佛教和道教，时常出现在影视、文化作品中。

图 2-2　佛教"万"字图案和道教阴阳鱼图案

　　走在马路上，我们随处可见画上了图形符号的交通标志，或者区分男女公厕的符号，如图 2-3 所示为三个交通符号以及公共厕所通用符号。现今社会各种各样的图形符号已经融入我们的生活，人们见图即知意。

禁止驶入

禁止行人进入

环形交叉

公共厕所

图 2-3　生活中常见图标

　　通过这些图标，可以获取指定的信息，进行下一步决策，这就是图标的第一部分要素——传递指定信息。而图标的第二部分要素，就是这些信息的视觉载体——抽象图形。

　　为什么要用"抽象"一词呢？因为图标是图形的一部分，但并不是所有图形都是图标，它和"具象"的图形处于对立的状态。如图 2-4 所示，如果想要画出一只猫的图形，可以用写实的手法非常细致地进行刻画（左图）；而要设计成图标，则必须尽可能地去掉一些不必要的细节，通过保留基本特征对其进行抽象化处理（右图）。

写实刻画　　　　　　　　　抽象图形

图 2-4　抽象图标举例

　　基于复杂的现实社会,我们想要传递的信息往往不是实物,而是某种规则、逻辑或概念。如图 2-5 所示"禁止停车"的交通标志,就是一个抽象图形,它并没有使用叙事性的插画图形来传达这些信息,而只是使用了几个非常简单的集合元素与色彩。

　　抽象的优点不仅在于绘制简单,同时也让我们可以更高效地接收信息。试想,如果将图 2-5 中的图形改成"禁止停车"四个汉字,那么在汽车行驶的途中,司机要如何完成文字的阅读?且不识字的司机与外国司机无法看懂,这就直接导致了交通隐患的增加。

禁止停车

图 2-5　"禁止停车"交通标志

　　在信息过载的现代社会,我们更加无法脱离图标的使用。图标的这两个特性,使它成为文字最好的辅助,帮助人们尽可能地减少信噪,提升决策和认知的效率。

2.2　图标的类型

　　在理解了图标的概念以后,下面就要来了解一下图标的类型。

　　我们通常将图标划分成两种类型:广义和狭义。广义的图标指任何符合图标概念的图形,无论是现实中存在的或者虚拟的;狭义的图标则将范围缩小到存在于电子设备界面中的图标。在本书后续的语境中,图标所指代的都是狭义的概念。

　　虽然我们将图标的范围缩小了,但在 UI 的体系中,图标依旧可以进一步细分出很多的种类,这些种类即包含功能性上的,也包含视觉风格上的。下面先对这些类型有一个基本的认识,从而更好地帮助我们学习图标的设计。

2.2.1　工具图标

　　工具图标是我们在日常讨论中提及最频繁的图标类型,即有明确功能、提示含义的图形。比如在微信"我的页面"中出现的发布图标、列表图标、导航图标等,都是工具图标。它们既可以只作为标识符号,也可以作为按钮使用。如图 2-6 所示。

　　在应用的设计中,工具图标既有传递信息的功能,也有装饰界面的作用。我们常见的工具图标,包含线性图标和面性图标两大类,并且在这两个类别中,还可以延伸出很多有趣的设计和表现形式。

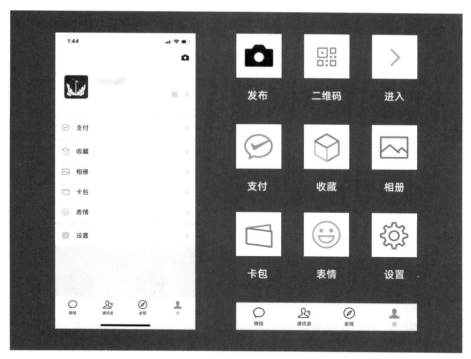

图 2-6　微信 App 页面中的工具图标

1. 线性图标

线性图标是通过线条描绘出图形轮廓的图标,如图 2-7 所示。

图 2-7　线性图标举例 1

在这种风格中,并不是只有闭合的、纯色的路径一种选项,这样会使图标看上去比较死板、僵硬。也可以在细节中作出各种尝试,增加图标的视觉表现力和趣味性,如在描边中制造缺口、在其中的一个线段中加入别的颜色、使用不同粗细的线段,或是在描边中使用渐变色。如图 2-8~图 2-11 所示。

图 2-8　线性图标举例 2　　　　　　　图 2-9　线性图标举例 3

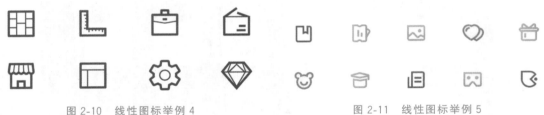

图 2-10　线性图标举例 4　　　　　　　　　图 2-11　线性图标举例 5

2. 面性图标

面性图标是直接使用完整的面性图形表现的图标,如图 2-12 所示。

在这种风格的设计里,也并不是只有对这些面填充相同色彩的方法,我们依旧可以通过对细节的调整,来增加图标的视觉表现力。

图 2-12　面性图标举例 1

比如,使用高饱和度色彩渐变的方式,或是采用不同面的透明度叠加效果,如图 2-13 和图 2-14 所示。

图 2-13　面性图标举例 2　　　　　　　　　图 2-14　面性图标举例 3

图标设计发展到今天,已经不再单纯地追求效率和使用性,而是在此基础上,尽量满足视觉的美观性,以及探索更多的视觉表现方式。所以,我们学习工具图标设计的目的,不只是将图标"画"出来,还要在这个基础上尽可能作出更多的尝试,为用户带来更好的视觉体验。

2.2.2　启动图标

在用户界面中,除了工具图标以外,还有另一种比较常见的图标,就是 App 的启动图标。通常在手机系统的应用列表中,可以看见标识不同应用的图标按钮。如图 2-15 所示。

启动图标作为一个应用的身份标识,和现实世界中用来代表品牌的 LOGO 有近似的作用,可以让用户更好地进行识别。而在设计中,启动图标的图形设计也和 LOGO 设计相似,具有非常多样、复杂的可能性。

所以，为了方便大家的学习，我们筛选了三种最常见的启动图标设计类型，下面分别进行讲解。

1. 图标形式

一些偏工具化的应用会直接使用工具图标的样式作为自己的标识，因为这样能更加清晰地传达给用户它是一个什么功能的应用，例如闹钟、日历、邮件等应用。如图 2-16 所示。

2. 文字形式

部分应用会直接使用自己的名字，或是取名字中的一个字作为标识，这样会更容易让用户记忆应用的名字或进行查找，例如淘宝、知乎、美团等应用。如图 2-17 所示。

3. 图形形式

有很多在现实世界已经被大众所熟知的品牌，在推出了自己的应用以后，往往会使用自己的图形 LOGO 作为启动图标，便于用户识别以及将图标和该品牌关联起来，比如招商银行、东方航空、屈臣氏等应用。如图 2-18 所示。

图 2-15 iOS 界面中不同应用的图标按钮

在第 4 章中，我们会分开对这几类设计形式进行演示，读者只要掌握了相关规范和软件操作，设计应用图标就没有想象的那么困难了。

图 2-16 图标形式的启动图标举例

图 2-17 文字形式的启动图标举例

图 2-18 图形形式的启动图标举例

2.3 图标的格式

当我们设计图形界面时，文件格式是一个非常重要的知识点，因为错误的文件格式会导致设计无法被制作成真实的界面，以及无法适配不同分辨率的设备。本节要学习在设计和导出图标时，如何使用正确的图标格式。

在计算机设备中,图像的格式主要分为两个大类:矢量和位图。下面首先了解它们的含义和区别。

矢量又叫矢量图,是一种通过指令来描绘图形的格式,可以记录由一系列点、线、面所组成的图形和简单的色彩。矢量图形的主要优点是可以随意进行放大和缩小,而不会导致内容的模糊或失真。

位图又叫点阵图,我们都知道屏幕是通过一个个像素点构成的,位图格式就是将显示的每一个像素点记录下来,而不是图形的点、线、面关系。位图的主要优点是可以记录复杂的图像和照片。

简单概括,矢量图可以记录类似图 2-19(a)的简单图形,并可以任意放大和缩小;位图可以记录图 2-19(b)的复杂图像,但不能任意放大和缩小。

(a) 矢量　　　　　　　　(b) 位图

图 2-19　矢量和位图

所以,图标作为相对简单的几何图形,且需要满足在不同设备显示中放大缩小的要求,矢量格式才是正确的选择。那么矢量格式如何在图标的设计中应用呢?

首先,要保证在设计过程中使用矢量的格式进行设计。2.4 节中要讲解的 Adobe illustrator 就是可以满足这一条件的一款应用。

而且在工作中,我们导出的图标也要采用矢量格式进行保存。在针对 Android 系统时,主要采用 SVG 格式保存;在针对 iOS 系统时,主要采用 PDF 格式保存。如图 2-20 所示。

Android 中使用 SVG

iOS 中使用 PDF

图 2-20　SVG 与 PDF 保存后图标显示状态举例

2.4　图标设计工具 Adobe illustrator

　　2.3 节我们讲过,设计图标的过程要尽量使用矢量格式,而最理想的工具,就是 Adobe 系列的矢量绘图软件——illustrator,以下简称 Ai。

　　Ai 具有非常强大、灵活的绘图功能,可以设计多种多样的图形和图标。虽然 Photoshop 也具备绘制矢量图形的功能,但 Photoshop 的软件定位是一款位图合成工具,相对于 Ai 在矢量图形的设计上存在不少缺陷,包括操作、功能和复制、编辑等,这里不详细展开说明。

　　下面对 Ai 的使用进行简要说明。

2.4.1　文件的创建

　　首先,打开 Ai,会弹出一个创建文档的弹窗,在弹窗右侧有文件对应设置的选项。如图 2-21 所示。

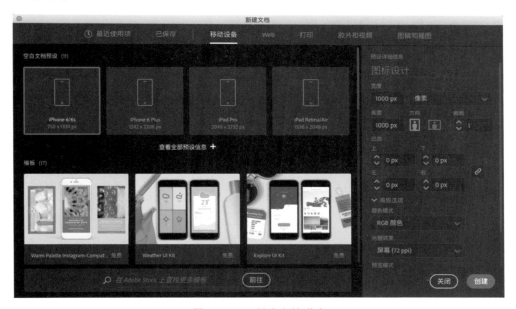

图 2-21　Ai 创建文档弹窗

　　顶部为创建的文件名,下方可以设置对应文档的宽度和高度(可以都填 1000px),确保高级选项中选择的颜色模式为“RGB 颜色”,其他保持默认,单击“创建”按钮即可生成新的画布并进入下方的操作界面中。

　　在 Ai 操作界面的默认模式下,左侧是相关的工具栏,可以快速选择 Ai 相关的操作工具。中间是绘制区域,白色的矩形区域就是设计画布,即进行创作的地方。右侧是功能面板,用来对设计内容进行特定的处理与设置。如图 2-22 所示。

　　完成文件创建后,下面我们开始认识和图标相关的具体绘制功能。

图 2-22　Ai 操作界面

2.4.2　矢量图形工具

在左侧的工具栏中，有一个矩形图标，并且右下角有一个小箭头。用鼠标右键单击这个小箭头，就可以展开它的下级列表，里面包含矩形、圆角矩形、椭圆、多边形、星形和光晕工具，这些工具统称为矢量图形工具。通常我们只需要应用矩形、椭圆和多边形工具。如图 2-23 所示。

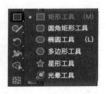

图 2-23　Ai 矢量图形工具

单击任意一个工具，就进入了绘制该图形的状态。比如单击椭圆工具，然后在画布中从左上角按住鼠标左键拖动到右下角，就可以创建一个完整的矢量椭圆图形。如图 2-24 所示。

多边形的工具默认是一个六边形，我们在选中它以后，在画布空白区域单击，就会弹出一个多边形设置面板。这时候只要设置边数，就可以得到对应多边形的图形。如图 2-25 所示。

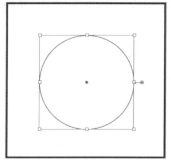

图 2-24　Ai 创建矢量椭圆图形

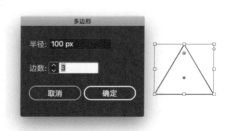

图 2-25　Ai 创建多边形图形

并且，使用多边形工具时，按住 Shift 键，可以得到"正×形"，例如正圆形、正方形、正三角形等，而无须依靠我们的直觉确定图形比例。

2.4.3　属性面板

在画布中置入矢量图形以后，在选中该图形的状态时，右侧的属性面板会显示该图形的对应属性内容，其中包含变换、外观、快速操作三个模块。我们主要会应用到前两个模块。如图 2-26 所示。

在外观模块中，可以在输入框中调整 X 轴和 Y 轴，以及图形的长宽和旋转角度。单击右下角的 ▪▪▪ 符号，可以展开更多的操作面板。将鼠标置于输入框上方，会弹出对应功能的提示。如图 2-27 所示。

在外观模块中，默认显示的三个属性也是我们经常用到的。它们从上到下依次是图形填充色、描边颜色和粗细、图形透明度的控制。当单击色彩的方块时，下方就会弹出色彩选择面板，可以在这里选择和替换图形对应的颜色。如图 2-28 所示。

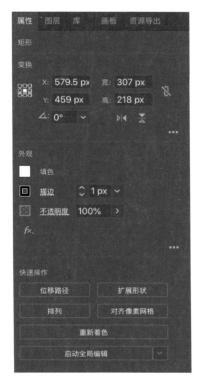

图 2-26　Ai 属性面板

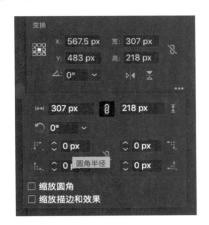

图 2-27　Ai 变换属性面板

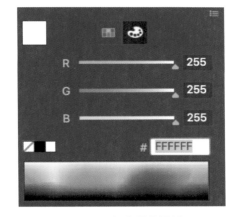

图 2-28　色彩属性面板

2.4.4　圆角工具

圆角工具是一个非常具有实用性的工具。当创建矩形时，可以看见在四个边角处各有一个圆形的小图标，使用鼠标左键拖动其中一个，就可以变更这四个边角的弧度，使它们变成圆角。如图 2-29 所示。

如果想要只改变一个边角，可以单击这个圆点，使它成为被选中状态，再进行拖动。

除了矩形以外，只要是矢量图形的"尖角"，都有这个圆点的出现，依旧是拖动它就可以快速实现圆角的效果。如图 2-30 所示。

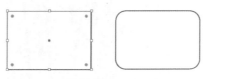 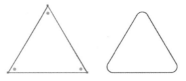

图 2-29　Ai 创建矩形、圆角矩形　　　　图 2-30　Ai 创建三角形、圆角三角形

2.4.5　路径查找器

了解了圆角矩形工具的功能，就可以组合绘制一些最简单、基本的图标了。Ai 中的路径查找器功能，可以极大地提高绘制图标的效率。用一句话概括：路径查找器就是通过多个图形组合出新图形的工具。如图 2-31 所示。

路径查找器的第一个模块叫"形状模式"，也叫"布尔运算"，包括联集、减去顶层、交集、差集。当画布中两个不同的形状相交时，使用形状模式中的功能就可以进行组合、裁切等操作。比如图 2-32 中两个相交的矩形，执行形状模式以后，分别生成了右侧的独立图形。

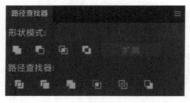 

图 2-31　路径查找器面板　　　　　　　图 2-32　形状模式操作效果举例

路径查找器是一个用不同图形求得新形状的工具。形状模式的功能和逻辑非常复杂，在这里只需要了解第一个操作——"分割"即可。

当对两个相交的矩形使用分割时，生成的不是一个完整的图形，而是一个新的编组，该编组内包含两个矩形相交的部分和不相交的部分。如图 2-33 所示。

图 2-33　分割操作效果举例

刚开始学习时，非常容易混淆几种形状模式的作用，只要多尝试，很快就能熟悉。在后面的实例演示中，将会展示它们的实际应用方法。

2.4.6　形状生成工具

形状生成工具是左侧工具栏中的一个矢量操作工具，是一个非常强大的图形生成工具。

如图 2-34 所示。

形状生成工具的主要作用是提取多个图形合并的区域,并组合成一个新的图形。它与路径查找器功能的区别如图 2-35 所示。

图 2-34　形状生成工具

图 2-35 左侧的图形要通过四个相交的圆形求出,如果使用路径查找器,那么需要先通过分割的方式,将它们裁切成若干图形的编组,再将中间的图形选中进行合并。如图 2-35(a)所示。

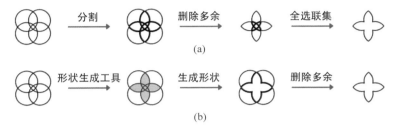

图 2-35　路径运算举例

如果使用形状生成工具,只要选中图形后,用该工具在想要合并的区域进行拖动,鼠标扫过所有目标区域后再放手,就可以直接得到右侧的结果。如图 2-35(b)所示。

如果分别操作一遍,就会发现,虽然最后结果一致,但使用形状生成工具的效率远远高于使用路径查找器。二者主要的区别就在于形状生成工具更适用于数量较多的图形进行组合的情况,而路径查找器适用的情况则反之。

所以,应该如何选择操作工具,需要根据具体的使用场景来判断,我们也会在后续的章节中进一步演示。

第 3 章

工具图标的设计

工具图标是用户界面中用来传达特定信息的图形,具有非常多的功能和优点。它不仅能增加用户获取信息的效率,还可以提升界面的视觉体验。

工具图标看起来很简约,只通过一些基本的几何图形组合就能完成,对于软件操作的要求并不高。但是,工具图标简约却并不简单。对于整套图标的设计来说,想要得到正确合理的结果,需要很多基础设计知识的应用与考量。

想要设计出优秀的图标并不容易,本章会从基础的设计知识入手,并通过案例对理论和软件进行进一步的整合。

◎ 学习目标

(1)认识图标。

(2)了解工具图标的基础规范和设计理论应用。

(3)学会如何应用工具图标的格线系统。

(4)学会如何正确地绘制线性图标。

(5)学会如何正确地绘制面性图标。

◎ 基本技能

掌握图标的基础规范和常用图标的绘制方法。

3.1　工具图标的规范

在开始设计案例演示前,首先谈谈工具图标包含的规范和基础特征,这是在设计应用时必须满足的要素,切记不可忽视。

3.1.1　表意准确

我们知道图标的主要作用之一就是传递信息。有些图标标示的功能和寓意都非常清晰,例如,看见放大镜,就会当成搜索;看见钥匙或者锁,就会理解成是密码。

虽然图标在设计时要经过抽象化的处理,但清晰表达寓意是工具图标最基本的要求,否则会给用户制造不必要的困扰。如图 3-1 所示。

很多图标图形的寓意已经广泛被用户所接受,达成了共识,但我们也说过,图标的抽象性有一部分来源于信息的抽象化。比如图 3-2 中的这组图标,你能否直接得出结论,说出它们指代的信息是什么?

图 3-1　表意准确的图标举例　　　　　　　　图 3-2　表意模糊的图标举例

相信这些是读者无法给出准确定义的图标,而当人们为它们加入文字解释之后,再分析一下这些图形,就很容易理解其表达的含义。如图 3-3 所示。

入口　　人机交互　　输入框　　已授权　　规则　　自定义

技术服务　　关联设备　　运营管理　　测试申请　　快速编排　　园区运维

图 3-3　加入文字表述的图标举例

即使一开始并不认识这些图标,但只要这些图形与其表达的含义具有较为准确的关联,那么就能被很快记忆并运用。就像在 Photoshop 工具栏中选择的各种图标,往往也由一眼无法理解其含义的图形组成,但只要经过几次操作就可以快速识别了。如图 3-4 所示。

在我们设计图标前,要先确认每个图标的图形样式,并判断它们是否可以准确地表达出指定的含义。无论之后为图标增加什么创意细节或视觉效果,表意准确都不容忽视,这是衡量一个图标正确与错误的基本原则。

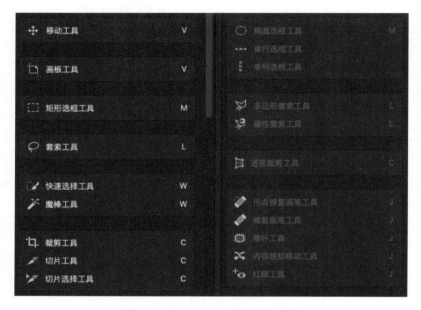

图 3-4　Photoshop 工具栏图标举例

3.1.2　一致性

第二个规范就是图标的一致性。即在一个或一套图标中,细节应该保持一致性。图 3-5 是典型的反面案例。

图 3-5　细节不一致的图标举例

在图 3-5 的案例中,不同图标间有很大的割裂感,完全不像处于同一套设计体系之中,这就是缺乏一致性的表现。初期设计一套完整图标最大的难点,就是让所有图标保持视觉细节上的一致性。

要保持图标的一致性,需要满足以下五个标准。

1. 类型一致

工具图标有线性、面性等不同的类型与风格,在正常情况下,同一套图标应该保持类型与风格的一致,即不要在使用了线性的同时又应用了面性风格。如图 3-6 所示。

2. 风格一致

每一套图标都有自己的设计风格,不同风格在细节中有不同的表现。在设计图标时,需要让这些风格特征保持高度的统一,比如下面这些案例。

案例一,为图标添加缺口的设计风格。要保证这个缺口的大小是一致的,并且每一个图标中有且只有一个缺口,而不是靠感觉随意添加。如图 3-7 所示。

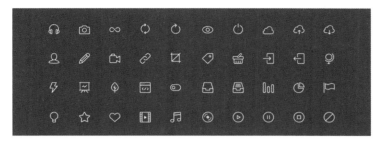

图 3-6　类型一致图标举例

案例二,在偏圆润可爱的设计风格中,如果外轮廓使用了较大的圆角,那么要尽可能保证圆角的大小是一致的,而不是有的用 4pt,有的用 2pt 或者直接使用直角。如图 3-8 所示。

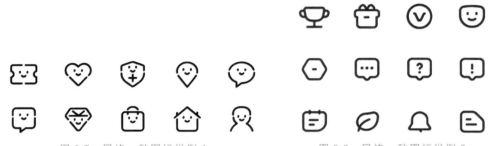

图 3-7　风格一致图标举例 1　　　　　　　　　　图 3-8　风格一致图标举例 2

案例三,在采用了填充色偏移的设计风格中,首先要保证填充色的一致性,并且偏移的距离和方向也要有固定的规律,而不是完全凭个人感觉制定。如图 3-9 所示。

图 3-9　风格一致图标举例 3

3. 透视一致

透视关系是在平面中对物体空间性质的表现方式,当应用了透视时,物体就有了一定的"立体感"。如图 3-10 所示。

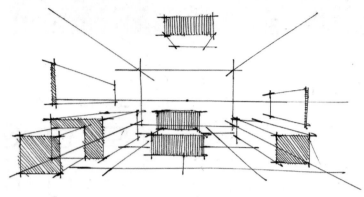

图 3-10　透视关系手绘图

透视的表现方式不是绘制图标时必须使用的,但是如果在图标中应用了透视,就要确保使用的视角是一致的,要避免在同一套图标中既用了正视图又包含了斜视图。如图 3-11 所示。

图 3-11　透视一致图标举例

4. 描边一致

在图标中会用到矩形线段或是描边,要尽可能保证它们的粗细是一致的,即在 Ai 中描边应该使用相同的尺寸。如图 3-12 所示。

在填充图标中,可以在一个矩形或是圆形中增加镂空,如图 3-13 中的几个图标。应注意这种情况下也要保证它们的粗细是一致的,而不是各不相同。

图 3-12　描边一致图标举例 1　　　　图 3-13　描边一致图标举例 2

5. 大小一致

大小一致是指图标的视觉大小保持一致,而不是它们在 Ai 中长宽属性的值保持一致。

如图 3-14 所示。

图 3-14　大小一致图标举例

保持大小一致是一个比较复杂的问题,在初期往往会认为使用一个固定尺寸的画布或是参考线,就能规范出图标统一的尺寸,但这个思路是错误的。

要保持图标视觉大小的一致,需要理解几何图形的视觉差以及对应的格线系统,具体将在 3.2 节具体说明。

3.1.3　格线系统

在绘制图标时,我们要建立一套标准的格线系统,用来规范元素图形的边界和尺寸,如图 3-15 所示,其中包含一个横向矩形和纵向矩形,还有正方形和圆形。

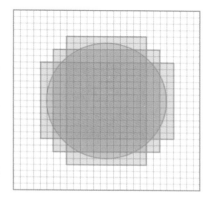

为什么需要这样的格线系统辅助我们的设计呢?我们需要先理解几何的视觉差。

首先,设立一个目标,如画出边界大小相等的正方形、圆、三角形。理论上,只要将这三个图形的长、宽属性参数设置成一样的,问题就解决了。如图 3-16 所示。

如果仔细观察,就会发现这三个图形给人们的视觉感受是大小不一致的,即正方形大于圆大于三角形。

图 3-15　标准的格线系统

导致这个问题的原因就是几何图形的视觉差——占用面积越大的图形,给人们的视觉的大小感受就越大。如果在图 3-15 中图形右侧空白处画一条等高的竖线,通常会觉得这条竖线比左侧的三个图形上下距离都短。

针对这个特性,要让前后三个图形在视觉大小上保持一致,就需要放大圆和三角形。如图 3-17 所示。

图 3-16　绘制边界大小一致的正方形、圆、三角形　　图 3-17　实际边界大小不一致但视觉大小一致的正方形、圆、三角形

当要设计一整套图标的时候,也面临这样的问题。不同形状的图形给我们视觉的大小感受是不同的,如果单纯依靠感觉来调整,那么效率和准确性都极低。这时候,图标的格线系统就要派上用场了。

在这个格线系统中,正方形的尺寸最小,圆比它稍大,长方形的最大长度比圆稍大一些。当在实际设计过程中,就可以根据参考线提供的尺寸设计对应的图形了。如图 3-18 所示。

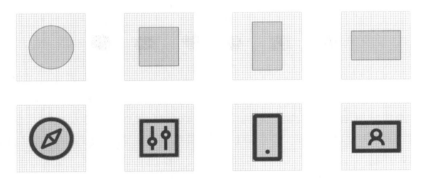

图 3-18　符合视觉大小一致的图标参考线举例

当然,以上展示的效果是理想状态。格线无法完美地匹配要设计的所有图形,所以,要记住该系统仅是一个"参照物"。正方形是图形中长宽最小的图形,其他图形的尺寸,则在正方形到外边界之间缩放,最终得到视觉大小一致的效果。如图 3-19 所示。

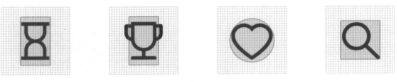

图 3-19　图标参考线运用举例

3.2　线性图标的设计

这一节我们会演示如图 3-20 所示线性图标案例的设计。

在开始设计前,先要做一些基础的准备。

(1) 创建一个 1000×1000 像素的画布。

(2) 在"编辑"→"首选项"→"参考线和网格"设置面板中,将里面的网格线间隔和次分隔线设置成 1 像素,单击"确定"按钮。

图 3-20　线性图标案例设计

(3) 在栏目中单击"视图"→"显示网格",在画布中开启网格参考线。

(4) 确定图标设计的尺寸,并绘制对应的格线系统。在这里使用 28×28 像素的图标,先画一个对应尺寸的矩形,填充黑色并将透明度设置成 10%,对应绘制出格线。最后,选中它们右键"编组"即可。

完成了以上步骤,就可以开始具体的设计操作了。

前期准备及建
立格线系统

3.2.1　搜索图标

第 1 步:绘制一个 20px 大小的圆,并将描边设置为 2px。然后再画一个宽为 2px,高为 9px 的圆角矩形。

第 2 步：将矩形移动到圆形下方相交，并单击右键进行编组。如图 3-21 所示。

第 3 步：选中"编组"，在"属性"的旋转角度属性中，将参数改成 −45°，再调整一下位置，即可得到最终图形。如图 3-22 所示。

图 3-21　搜索图标的绘制

图 3-22　搜索图标最终效果

线性搜索
图标

3.2.2　聊天图标

第 1 步：首先画出聊天的气泡外轮廓，它是由一个 22px×18px 的矩形和一个 12px×6px 的三角形构成的。矩形圆角为 4px，三角朝下的圆角为 2px。如图 3-23 所示。

图 3-23　聊天图标绘制步骤 1

第 2 步：将它们连接并垂直方向居中，然后使用路径查找器面板的"联集"选项，将它们合并成一个图形。如图 3-24 所示。

第 3 步：在轮廓内部画一个 2px×10px 的长矩形和一个 2px×7px 的短矩形，即可得到最终图形。如图 3-25 所示。

图 3-24　聊天图标绘制步骤 2　　　　图 3-25　聊天图标绘制步骤 3

线性聊天
图标

3.2.3　眼睛图标

第 1 步：画两个 2px 描边垂直方向对齐并相交的圆，并使用路径查找器中的"交集"功能获取它们相交的部分。如图 3-26 所示。

图 3-26　眼睛图标绘制步骤 1

第 2 步：将左右两个尖角的圆角大小改为 2px。如图 3-27 所示。

第 3 步：在中央位置添加一个 8px 大小的圆，即可得到最终效果。如图 3-28 所示。

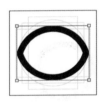 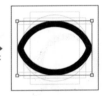  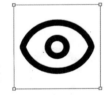

图 3-27　眼睛图标绘制步骤 2　　　　　　　　图 3-28　眼睛图标绘制步骤 3

3.2.4　心形图标

第 1 步：画两个 14px×21px 的矩形，一个竖直，另一个水平放置，并将上方和右侧的两个边缘进行圆角处理。如图 3-29 所示。

第 2 步：将两个图形移动相交，并保证上方和右侧的两个半圆正好紧贴在另一个矩形的边缘，然后使用路径查找器中的"联集"功能，即可得到一个躺着的心形。如图 3-30 所示。

图 3-29　心形图标绘制步骤 1

第 3 步：将心形进行旋转，并置入模板中，将描边属性的边角改为圆角连接，底部的尖角圆角改为 2px，即可得到最终效果。如图 3-31 所示。

  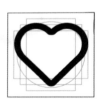 

图 3-30　心形图标绘制步骤 2　　　　　　　　图 3-31　心形图标绘制步骤 3

3.2.5　卡券图标

第 1 步：画一个 28px×24px 的圆角矩形，圆角为 3px，在它的上下方各画一个 4px 大小的圆，并与矩形的边缘相交。如图 3-32 所示。

第 2 步：确认两个小圆图层顺序在矩形的上层，然后选中三个图层，使用路径查找器中的"减去顶层"操作即可得到外轮廓。如图 3-33 所示。

第 3 步：画出卡片中的两段 2px×3px 的"虚线"，即可得到最终效果。如图 3-34 所示。

图 3-32　卡券图标绘制步骤 1

图 3-33　卡券图标绘制步骤 2

图 3-34　卡券图标绘制步骤 3

线性卡券
图标

3.2.6　房屋图标

第 1 步：首先画出一个 28px×10px 的等腰三角形，再画一个 22px×16px 的矩形，将它们的边缘进行重叠。如图 3-35 所示。

第 2 步：设置三角形三个尖角的圆角依次为 3px、1px、1px（上、左、右），再为矩形下半部分的两个直角添加 4px 圆角。如图 3-36 所示。

第 3 步：执行"联集"操作，生成完整的外轮廓。之所以先做圆角再执行联集，是因为提前合并两个形状，会导致一些尖角无法使用圆角工具。如图 3-37 所示。

图 3-35　房屋图标绘制步骤 1

第 4 步：画出房屋中间 8px 大小的圆形。然后将图形置入模板中，即可得到最终效果。如图 3-38 所示。

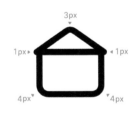

图 3-36　房屋图标绘制
步骤 2

图 3-37　房屋图标绘制步骤 3

图 3-38　房屋图标绘制
步骤 4

线性房屋
图标

3.3　面性图标的设计

在完成了线性图标的设计以后，再开始面性图标的设计就容易不少。我们依旧使用图 3-20 所示的六个图形，将它们通过面性的风格演示一遍。如图 3-39 所示。

本案例依然使用 28 像素长宽的图标尺寸，应用前文所说的准备内容，并将格线的模板复制过来，就可以开始进行设计了。

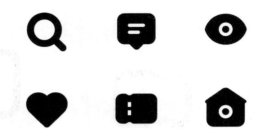

图 3-39　面性图标案例设计

注意：面性风格的设计与线性不同的地方在于，画一些内部图形时，要尽可能地避免出现线段和描边，应该使用完整的闭合图形进行图标的组合和裁切，因为线段是没有办法用布尔运算"抠掉"的。

3.3.1　搜索图标

第 1 步：类似线性搜索图标的步骤 1，这里要将圆的描边粗细改为 4px，手柄的宽度也要改为 4px。如图 3-40 所示。

第 2 步：将矩形移动到圆形下方相交，并右键进行编组。

第 3 步：选中"编组"，在"属性"的旋转角度属性中，将参数改成−45°，即可得到最终的图形。如图 3-41 所示。

面性搜索
图标

图 3-40　面性搜索图标的绘制

图 3-41　面性搜索图标最终效果

3.3.2　聊天图标

第 1 步：将线性聊天图标中的外轮廓改为填充模式。因为内部两条矩形与填充色是同色，所以暂时看不见。如图 3-42 所示。

第 2 步：选中内部的两个矩形，以及已经是填充形状的外轮廓，执行路径查找器中的"减去顶层"，即可得到一个内部镂空的聊天图标。如图 3-43 所示。

面性聊天
图标

 改为填充

图 3-42　聊天图标绘制步骤 1（面性）

 减去顶层

图 3-43　聊天图标绘制步骤 2（面性）

3.3.3　眼睛图标

第 1 步：首先需要做出眼睛里面的圆环形状。这里不能再使用圆形路径加描边了，因为后面需要用到对圆环这个形状的减除，所以需要让圆环成为一个填充形状。

怎么做呢？其实很简单，先画一个 8px×8px 大小的圆，再在其图层之上画一个 4px×4px 大小的圆，选中两者执行"减去顶层"。如图 3-44 所示。

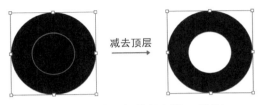

图 3-44　眼睛图标绘制步骤 1（面性）

第 2 步：将线性眼睛图标的外轮廓由描边改为填充。如图 3-45 所示。

第 3 步：将圆环置于步骤 2 中形状的上层，并居中对齐，选中两者再执行一次"减去顶层"，即可得到最终效果。如图 3-46 所示。

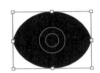

图 3-45　眼睛图标绘制步骤 2（面性）　　　　图 3-46　眼睛图标绘制步骤 3（面性）

面性眼睛
图标

3.3.4　心形图标

将线性心形图标从描边改为填充。如图 3-47 所示。

图 3-47　心形图标绘制步骤（面性）

面性心形
图标

3.3.5　卡券图标

第 1 步：将线性卡券图标中的外轮廓改为填充模式。因为内部两条矩形与填充色是同色，所以暂时不可见。如图 3-48 所示。

第 2 步：选中内部的两个矩形以及已经变为填充形状的轮廓，执行"减去顶层"，即可得到最终效果。如图 3-49 所示。

图 3-48　卡券图标绘制步骤 1（面性）　　　　图 3-49　卡券图标绘制步骤 2（面性）

面性卡
图标

3.3.6　房屋图标

第 1 步：与眼睛图标一样，画出圆环的形状。

第 2 步：将线性房屋图标中的外轮廓改为填充模式。如图 3-50 所示。

第 3 步：将圆环置于步骤 2 中形状的上层，并放置在恰当的位置，选中两者执行"减去顶层"，即可得到最终效果。如图 3-51 所示。

面性房屋
图标

图 3-50　房屋图标绘制步骤 1（面性）　　　　图 3-51　房屋图标绘制步骤 2（面性）

第 4 章

启动图标的设计

启动图标即一个应用的 LOGO 标识，它是用户用来认识应用的窗口和第一印象。

在今天，智能手机中安装的应用越来越多，即启动列表中罗列的启动图标越来越多，所以促使设计师将图标的设计越做越简练和突出，以期用户可以快速识别出来，并使该图标从与其他图标并列的状态下脱颖而出。

因此，设计启动图标，不要刻意追求画面的复杂性和技法深度，而要追求能被用户注意并产生好感的最简单的效果。

本章首先带大家了解启动图标的设计规范，然后通过几个简单的案例，指导读者正确进行图标的设计。

◎ 学习目标

（1）了解启动图标的相关设计规范和平台应用。

（2）学会如何使用启动图标的模板。

（3）学会如何正确地设计主流启动图标。

◎ 基本技能

掌握启动图标的设计规范。

4.1 启动图标的设计规范

和工具图标一样，启动图标设计也有对应的规范，我们在开始设计前，依然从规范入手。

4.1.1 启动图标的规格

了解启动图标的规格，首先要了解 iOS 和 Android 系统对于启动图标的显示规则。我们知道，这两个平台中，启动图标在显示上是有差别的，如图 4-1 所示。

图 4-1 iOS 和 Android 系统应用启动图标对比

而且，不同的安卓设备会使用不同的定制化界面，还会呈现出更多不同的样式，如图 4-2 中不同品牌的安卓手机界面。

图 4-2 不同安卓设备定制化界面举例

　　既然有这么多的启动图标规格,是否意味着要为所有规格单独设计一遍图标呢? 这明显是不符合实际的。

　　我们在手机系统中看见的启动图标形状,并不是由设计师制作出来的,而是不同系统的应用商店"生成"出来的。我们需要制作的,只是一张完整的正方形图片,而不需要特意去处理这些细节。例如,图 4-3 中间的图形,在上传到 iOS 和 Android 系统时,会分别生成两侧不同的样式。

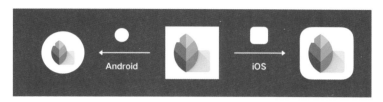

图 4-3　iOS 和 Android 系统启动图标样式对比

　　除了规格不同以外,在不同的设备或场景中,启动图标的大小不同,分辨率也不一样。比如,它们既可以在手机上显示,也可以在 iPad 或者计算机中显示。如图 4-4 所示。

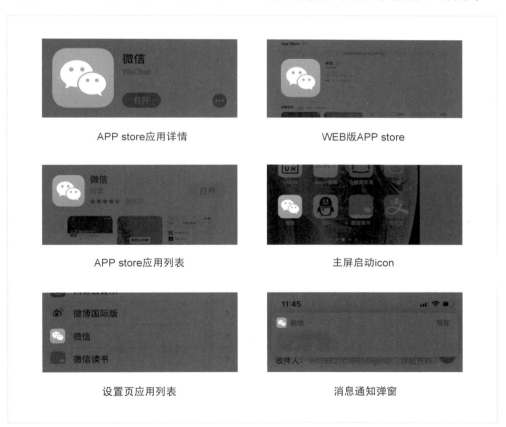

图 4-4　不同设备启动图标显示效果

　　所以还要面对一个问题,就是需要创建多大的画布。很明显,和前文一样,我们不需要自己手动处理,只要设计一个尺寸,然后再生成其他不同的尺寸即可。标准的启动画布创建尺寸为 1024×1024 像素。

4.1.2　启动图标的格线系统

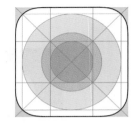

图 4-5　启动图标格线模板

启动图标也有自己的格线系统。目前市面上,主要应用的是由 iOS 提供的启动图标格线模板。如图 4-5 所示。

在这套模板中,包含了比较多的对角线、分割线、矩形和圆形,看起来特别复杂,往往让新人无所适从。下面简单对它进行介绍。

这套格线系统主要为了让用户有一个参照尺寸,即图形尺寸。可以通过图 4-6 中高亮显示的几个形状来定义。

图 4-7 是不同案例对格线系统参照尺寸的实际应用。

图 4-6　格线系统参照尺寸

图 4-7　应用格线系统参照尺寸所作图标

在实际设计过程中,可以先将想要表现的图形绘制出来,再置入模板中进行匹配和调整,无须在一开始设计的时候就在模板中进行,那样会极大地限制创意的发挥。

掌握以上规范以后,在 4.2 节,我们将开始具体的设计案例演示。

4.2　工具型启动图标设计

在一些比较基础的应用类型中,通常会使用工具图形设计的启动图标。因为基础的 App 服务大多有表意极其清晰的工具图标与之对应,例如邮箱、计算器、音乐、地图等类型应用,所以企业往往在使用一些抽象的品牌化图形与表意更清晰的工具图标中选择后者。如图 4-8 所示。

图 4-8　工具型启动图标案例

相信大多数读者已经掌握了这类工具型启动图标的设计方法,即填充背景色后叠加一个白色图标。下面,我们就开始演示图 4-9 所示的健康类应用启动图标的制作方法。

第 1 步:在 Ai 中画出心形图形。利用上一章我们所描述的方法,创建两个 14px×21px 像素的矩形,分别竖直和水平放置,再将上方和右侧的两个边缘进行圆角处理,旋转后进行颜色填充。如图 4-10 所示。

图 4-9　健康类应用启动图标制作案例　　　图 4-10　健康类应用启动图标制作步骤 1

第 2 步：创建一个 1024×1024 的画布，并画一个背景矩形覆盖这个画布，填充色为 ♯9802D6，将格线模板置入。如图 4-11 所示。

第 3 步：将画好的心形图标置入画布中，并将它的轮廓对齐到圆形参考线上。隐藏格线模板，即可得到最终图形。如图 4-12 所示。

图 4-11　健康类应用启动图标制作步骤 2　　　图 4-12　健康类应用启动图标制作步骤 3

第 4 步：如果想要预览图标的最终效果，将其置入官方提供的模板中查看即可。如图 4-13 所示。

工具型启动
图标设计

图 4-13　健康类应用启动图标效果图

4.3　文字型启动图标设计

和 LOGO 的设计一样，有很多应用也会直接使用文字作为应用的符号，这样可以非常有效地帮助用户进行辨识。图 4-14 所示为应用图标案例。

图 4-14　文字型应用启动图标举例

这类图标的设计与前一个案例类似,难点主要在于文字。当要上线一个 App 时,在启动图标上不能使用没有版权的字体,这就意味着不能随意挑选一个字库中的文字进行设计。

所以,除了设计师直接设计出新的字体以外,只能选用免费字体设计启动图标。常见的字体有:思源黑体、思源宋体、王汉宗系列等。我们挑选思源宋体完成案例。如图 4-15 所示。

图 4-15 文字型应用启动图标制作案例

第 1 步:先完成 1024×1024 像素的画布创建,并置入格线模板。如图 4-16 所示。

第 2 步:画一个和画布相等大小的矩形置于底层,选中矩形并使用渐变工具,单击该矩形,完成渐变填充。如图 4-17 所示。

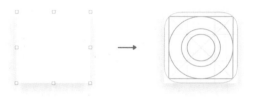

图 4-16 文字型应用启动图标制作步骤 1

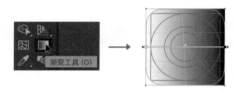

图 4-17 文字型应用启动图标制作步骤 2

第 3 步:将鼠标移动到渐变标示线段的右侧,会出现一个旋转图标,按住鼠标左键进行45°旋转,直至将它们拖动到右侧的状态。如图 4-18 所示。

第 4 步:双击左上角有颜色的圆点,会弹出色彩选择器,单击右上角的菜单并选择 RGB 之后,在色彩代码框中输入♯BA22F9,再将右下角的圆点颜色修改成♯703992,即可得到如图 4-19 所示渐变效果。

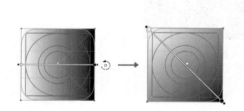

图 4-18 文字型应用启动图标制作步骤 3

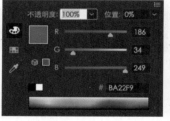

图 4-19 文字型应用启动图标制作步骤 4

第 5 步:选择文字工具,并在属性面板中将字体设置为"思源宋体",大小设置为 780点,颜色修改为白色,然后在画布中输入"设"字(繁体更符合气质),并调节字体尺寸与格线对齐。如图 4-20 所示。

第 6 步:隐藏格线并置入圆角模板,即可完成该图标的设计。如图 4-21 所示。

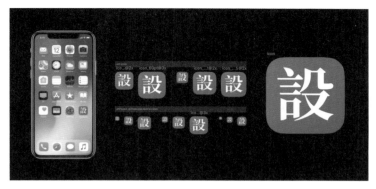

文字型启动
图标设计

图 4-20　文字型应用启动
图标制作步骤 5

图 4-21　文字型应用启动图标效果图

4.4　轻拟物型启动图标设计

　　移动界面的设计风潮已经从拟物风格演变成扁平化风格，但这并不意味着我们的设计只能应用扁平化的风格。在今天，还有一种介于两者之间的风格叫"轻拟物"，这类图标虽然不如游戏类的拟物图标那么烦琐，但也不是纯扁平化的设计，依然保留了部分拟物的特征和光影关系，案例如图 4-22 所示，有兴趣的读者可自行学习。

图 4-22　轻拟物型启动图标举例

第 5 章

移动端界面设计案例

随着移动互联网的不断发展,"以移动为中心"的理念和战略也不断渗透,互联网的"短、平、快"往往使设计师们无法长时间停下来思考。快速找到最佳的设计方式对设计师来说是一项极大的挑战。

"移动端界面设计模式"是基于大量设计师的智慧和尝试总结出来的可实施的解决方案,可以解决绝大多数常见的移动界面设计需求。因此,本章将对移动端的设计模式一一阐述,并附上常见的一线移动端产品作为案例进行解释。希望为广大读者提供设计方案的基石和支撑。

◎ 学习目标

（1）理解 App 界面设计规范。

（2）掌握电商类 App 首页中导航栏、图标、文字、图片、标签、布局层级、按钮、轮播点应用方法。

（3）掌握电商类 App 红包页面制作方法,熟练应用路径形状工具、文字工具。

（4）掌握电商类 App 个人中心、详情页、图片流制作方法。

（5）掌握音乐类 App 音乐播放页面、个人主页制作方法。

◎ 基本技能

熟练使用 Adobe Photoshop CC 的常用绘制工具,进行 App 界面设计。

5.1　认识 App

App 即 Application 的简写,因此被称为应用。一般是指为移动设备(包括平板电脑、手机和其他移动设备)上的第三方应用软件提供的服务。

市面两大主流 App 商店是 Apple 的 App Store 和 Android 的 Google Market。如图 5-1 和图 5-2 所示。

图 5-1　App Store　　　　　　　　图 5-2　Google Market

5.1.1　App 的基本设计原则

一款优秀的 App 界面设计能给用户留下深刻的第一印象,提升产品的活跃度。App 的基本设计原则如下。

1. 清晰传达产品的功能

每一款 App 都有其主要功能,在首次使用或更新后首次点开 App 时,引导页将会展示产品的主要功能与风格。

App 设计应由内而外统一、协调,所以色彩、图案、形态、布局等的选择须一脉相承。如图 5-3 所示。

图 5-3　小睡眠 App 界面

2. 惊喜来自于细节

优秀的 App 界面视觉设计是吸引人的。在产品好用的基础上,如果优化处理好图标细节、动效、加载状态、适当的文案处理等这些细节,会让一款 App 脱颖而出。如图 5-4 和图 5-5 所示。

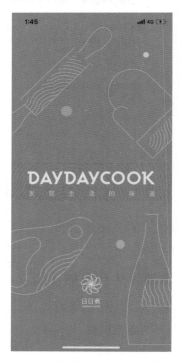

超值特卖　好友拼团　果蔬生鲜　餐厨家电

图 5-4　日日煮 App 图标举例　　　　图 5-5　小睡眠 App 欢迎界面举例

3. 清晰地展现信息层级

对于 App 的 UI 设计层级方面，需要遵循以下原则。

（1）尽量用更少的层级展示信息。因为在移动场景中，用户的注意时长非常短，所以需要用最短的时间引导用户关注到核心信息以完成主操作。如果层级过多，会降低效率。

（2）当不可避免地要采用多个层级时，应使用尽可能少的设计手法做层级区分。

4. 设计语言的一致性

设计师从用户角度出发，要降低用户学习新款 App 的时间成本，减少用户使用过程中的记忆负担，故在开发 App 时应采用一致的配色方案、材质、元素、厚度及相同性质的控件，以协助用户尽快从新手过渡到中等熟练程度。如图 5-6 所示。

图 5-6　小猪 App 界面

5.1.2　iOS 及 Android 系统界面设计规范

（1）iOS 界面尺寸及栏高。如图 5-7 和图 5-8 所示。

（2）Android 系统界面尺寸及栏高。如图 5-9 所示。

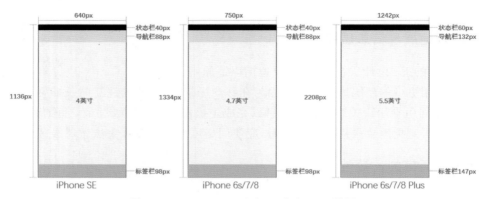

图 5-7　iPhone SE、6s/7/8、6s/7/8 Plus 界面

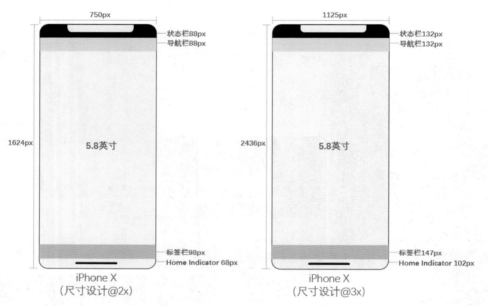

图 5-8　iPhoneX 界面尺寸及栏高

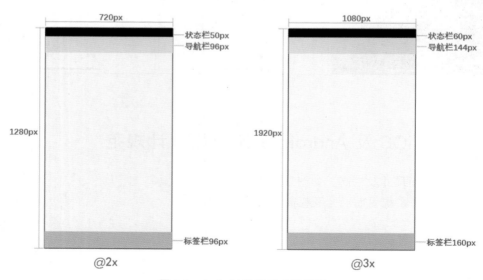

图 5-9　Android 界面尺寸及栏高

5.2 App 界面设计流程——以图片分享 App 为例

App 的交互流程设计,简单来说就像建造房子,有了清楚的平面图纸才能添砖加瓦。设计交互流程前应该对应用的功能和需求有清晰的把握,具体步骤如下。

5.2.1 交互流程设计

(1) 功能定位。随时分享应用简单易用的图片,利用时间碎片,形成社区互动,记录生活。

(2) 目标用户。锁定所有智能手机用户群。如图 5-10 所示。

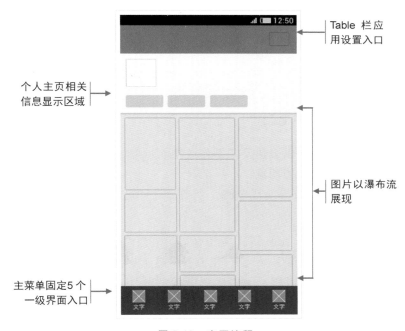

图 5-10　交互流程

5.2.2 风格定位

图片分享类应用的设计风格定位应该符合视觉流程,所以我们将整体色调设定为灰白;Table 需要引导用户操作,突显图标,因此设定为黑色,逐步添加效果。如图 5-11 所示。

图 5-11　图片分享类应用的设计风格定位

5.2.3　功能图标设计

功能图标是指在应用中用以表达某一操作或功能示意的图形。功能图标设计应尽可能形象、简洁，以准确表达其代表的功能。

图 5-11 风格定位界面下方导航栏中的 5 个图标设计过程如图 5-12 所示。最常用的设计方法为字面表意联想。

图 5-12　功能图标设计举例

5.2.4　界面视觉效果整体优化

界面视觉效果整体优化参考图 5-13。

图 5-13　界面视觉效果整体优化举例

5.2.5　应用图标设计

当决定去 App Store、Google Play 这样的应用市场下载某个 App 时,首先映入眼帘的便是 icon,即应用图标。一个 App 图标设计的美感与吸引力,决定了用户对产品的第一印象。一个有吸引力的 App 图标,可以让用户愿意去了解和下载。

icon 设计需要根据 App 不同的属性特点,设计出符合行业风格的标签栏 icon,如图 5-14 所示的图片分享 App 的 icon 设计风格。

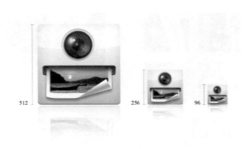

图 5-14　应用 icon 设计

5.2.6 完善 App 页面

设计师完成"图片上传""个人资料""发现""关注""消息""个人主页"二级界面的设计，添加应用 icon 到界面，整套应用视效设计完稿，提交审核。如图 5-15～图 5-17 所示。

图 5-15 界面展示 1

图 5-16 界面展示 2

图 5-17　界面展示 3

5.3　电商类 App 设计

　　电商类 App 是生活工具类 App 常见应用，本节内容旨在通过首页、红包活动页的详细制作过程，帮助学生理解并掌握页面的设计规范。如图 5-18~图 5-20 所示。

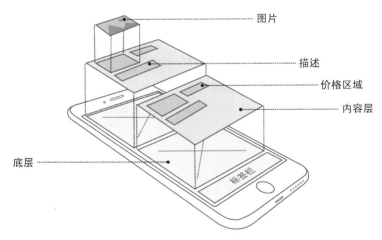

图 5-18　界面分层展示

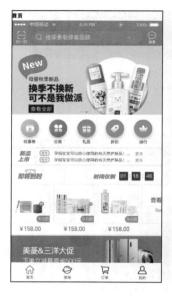

图 5-19　电商类 App 页面预览 1

图 5-20　电商类 App 页面预览 2

5.3.1　首页设计

电商类 App 首页中一般包括导航栏、海报栏、图标区、头条模块、推广区、标签栏六项内容。不同产品根据各自的需要灵活调整页面内容及布局，以提高用户体验。

第 1 步：启动 Photoshop CC，按 Ctrl＋N 组合键新建一个文件，使用"移动设备"→iPhone6（750px×1334px），将文档命名为"电商 App 制作"，如图 5-21 所示。

图 5-21　设置新建文件信息

第 2 步：将素材库中"教学素材"→"第五章"→"电商类 App 设计"→"手机页面页眉"拽入"首页"画板。使用"矩形工具"，在画板中绘制 750px×88px 的矩形，"填充"色值为 #ff3b3b，"描边"为无，如图 5-22 所示。制作效果如图 5-23 所示。

图 5-22　矩形工具属性设置　　　　　　图 5-23　页眉制作效果

第 3 步：选中"圆角矩形工具"，"填充"为白色，"描边"为无，在"首页"区域中单击，打开"创建圆角矩形"对话框，按照图 5-24 所示设置参数，在画面中绘制圆角矩形得到"搜索框"，将该图层不透明度设置为 15%，如图 5-25 所示。制作效果如图 5-26 所示。

图 5-24　圆角矩形工具属性设置　　图 5-25　图层面板属性设置　　图 5-26　搜索框制作效果

第 4 步：将素材库中"教学素材"→"第五章"→"电商类 App 设计"→"搜索按钮"拽入"首页"画板。

第 5 步：选中"横排文字工具" T.，将字体设置为苹方、常规，大小设置为 28 点，色值为白色，如图 5-27 所示，输入文字"佳蒙曼璐蜂蜜面膜"。制作效果如图 5-28 所示。

图 5-27　文字工具属性面板参数设置

图 5-28　搜索框内文字制作效果

第 6 步：将素材库中"教学素材"→"第五章"→"电商类 App 设计"→"扫一扫按钮""消息按钮"拽入"首页"画板。

第 7 步：选中"文字工具" T.，将字体设置为苹方、粗体，大小设置为 18 点，色值为白色，如图 5-29 所示，输入文字"扫一扫""消息"。制作效果如图 5-30 所示。

首页导航栏
设计

图 5-29　文字工具属性面板参数设置

图 5-30　导航栏制作效果

5.3.2　首页中海报栏的制作

海报栏(banner)是电商首页中最重要的广告区域。海报制作原则参考本书"1.4 UI 设计原则"内容。

第 1 步：将素材库中"教学素材"→"第五章"→"电商类 App 设计"→"banner1 图片"拽入"首页"画板，尺寸 750px×350px。如图 5-31 所示。

第 2 步：制作轮播滑点。使用工具栏中的"椭圆工具" ，绘制 8px×8px 正圆，如图 5-32 所示。将椭圆复制 3 个，居中对齐，将其中 1 个"填充"色值为＃cd3b3b，其余 3 个"填充"色值为＃cdcdcd。制作效果如图 5-33 所示。

图 5-31　海报栏图片效果

海报栏最终效果如图 5-34 所示。

首页海报栏设计

图 5-32　创建椭圆对话框　　图 5-33　滚动播放制作效果　　图 5-34　海报栏制作效果

5.3.3　首页中图标区的制作

第 1 步：制作优惠券图标。选中"椭圆工具" ，绘制大小为 90px×90px、"填充"色值为＃ff3b3b、"描边"为无的矩形，如图 5-35 所示。制作效果如图 5-36 所示。

图 5-35　椭圆工具属性设置　　　　　　图 5-36　椭圆制作效果

第 2 步：双击"椭圆"图层，打开"图层样式"对话框，选中"渐变叠加"选项，渐变控制器右侧颜色填充色标的色值为＃ffc11b，左侧填充色标的色值为＃ff971b，并如图 5-37 所示设置参数，制作图案样式。制作效果如图 5-38 所示。

图 5-37　渐变叠加对话框属性设置　　　　图 5-38　渐变叠加制作效果

第 3 步：单击橙色椭圆图层，复制粘贴为橙色椭圆拷贝图层，属性面板使用"蒙版"，羽化值为 10px，如图 5-39 所示。制作效果如图 5-40 所示。

第 4 步：将素材库中"教学素材"→"第五章"→"电商类 App 设计"→"券图标"拽入"首页"画板。如图 5-41 所示。

图 5-39　属性面板蒙版设置　　　图 5-40　蒙版制作效果　　　图 5-41　券图标

第 5 步：选中"横排文字工具"，将字体设置为苹方、中等，大小设置为 20 点，色值为 ♯211c1c，如图 5-42 所示，输入文字"优惠券"。制作效果如图 5-43 所示。

课程练习：按照本小节"优惠券"制作方法，依次制作"分类""礼品""折扣""排行"图标。如图 5-44 所示。

首页图标区
设计

图 5-43　优惠券图标
制作效果

图 5-42　文字工具属性
面板参数设置

优惠券　　分类　　礼品　　折扣　　排行

图 5-44　图标练习制作效果

5.3.4　首页中头条板块的制作

第 1 步：选中"矩形工具"，在其属性栏中设置"填充"色值为 ♯f2e9e9，"描边"为无，再在属性栏中按照图 5-45 所示设置参数后，在画面中绘制得到"灰色矩形"。将其放在画面合适的位置。制作效果如图 5-46 所示。

图 5-45　矩形工具属性设置　　　　图 5-46　矩形制作效果

第 2 步：选中"横排文字工具" T ，将字体设置为方正兰亭特黑简体，大小设置为 28 点，色值为♯fe3131，如图 5-47 所示，输入文字"新品上市"。按组合键 Ctrl＋T 自由变换图像，右击，选中"斜切"选项，进行适当的角度斜切，如图 5-48 所示。制作效果如图 5-49 所示。

图 5-47　文字工具属性面板数值设置　　　　图 5-48　自由变换对话框设置　　　　图 5-49　文字制作效果

第 3 步：选中"直线工具" / ，在属性栏中设置其"填充"色值为♯f2e9e9，"描边"为无，按下 Shift 键绘制垂直直线，得到"灰色直线"，如图 5-50 所示。制作效果如图 5-51 所示。

图 5-50　直线工具属性设置

第 4 步：选中"圆角矩形工具" ▢ ，在属性栏中设置其"填充"为无，"描边"色值为♯ff3b3b，在属性栏中按照图 5-52 所示的参数进行设置后，在画面中绘制得到"红色圆角矩形"。选中"横排文字工具" T ，将字体设置为苹方、常规，大小设置为 16 点，色值为♯ff3b3b，输入文字"推荐"。制作效果如图 5-53 所示。

图 5-51　直线制作效果

第 5 步：选中"横排文字工具" T ，将字体设置为苹方、常规，大小设置为 20 点，色值为♯251e1e，输入文字"孕妈宝宝可以放心使用的纯天然护肤品..."。将字体设置为苹方、常规，大小设置为 20 点，色值为♯ff3b3b，输入文字"更多"。制作效果如图 5-54 所示。

图 5-53　圆角矩形制作效果

图 5-52　圆角矩形工具属性设置　　　　图 5-54　文字制作效果

第 6 步：参考第 4 和第 5 步文字制作步骤，制作如图 5-55 所示内容。

第 7 步：将素材库中"教学素材"→"第五章"→"电商类 App 设计"→"闹钟图标"拽入

首页头条
板块设计

"首页"画板。选中"横排文字工具" T.，将字体设置为方正兰亭特黑简体，大小设置为32点，色值为♯fe3131，输入文字"即将到时"。制作效果如图5-56所示。

图 5-55　新品上市制作效果　　　　　　图 5-56　文字制作效果

第8步：选中"横排文字工具" T.，将字体设置为方正兰亭特黑简体，大小设置为26点，色值为♯fe3131，输入文字"时间仅剩"。选中"圆角矩形工具" ○.，在其属性栏中设置其"填充"色值为♯5a5656、"描边"为无，在属性栏中按照图5-57所示设置参数后，在画面中绘制得到"灰色圆角矩形"。按快捷键Ctrl+J复制图层。制作效果如图5-58所示。

图 5-57　圆角矩形工具属性设置　　　　图 5-58　圆角矩形制作效果

第9步：选中"横排文字工具" T.，将"数字"字体设置为 Arial、大小为26点、色值为♯ffffff，输入文字。制作效果如图5-59所示。

第10步：选中"矩形工具" □.，"填充"色值为♯ffffff，"描边"色值为♯e6e6e6，按照图5-60所示的参数进行设置后，在画面中绘制得到"白色矩形"。将其放在画面合适的位置。将素材库中"教学素材"→"第五章"→"电商类App设计"→"产品1""产品2""产品3图片"拽入"首页"画板。选中图片图层，右击，使用"创建剪贴蒙版"。如图5-61所示。

图 5-59　数字制作效果

图 5-60　矩形工具属性设置　　　　　　图 5-61　调取素材库图片

第11步：选中"横排文字工具" T.，按照图5-62～图5-64所示设置参数，输入文字"数字"。制作效果如图5-65所示。

图 5-62 文字工具属性面板　　　图 5-63 文字工具属性面板　　　图 5-64 文字工具属性面板
　　　　　参数设置　　　　　　　　　　参数设置　　　　　　　　　　参数设置

第 12 步：将素材库中"教学素材"→"第五章"→"电商类 App
设计"→"banner2 图片"拽入"首页"画板。如图 5-66 所示。

第 13 步：选中"矩形工具"，设置"填充"色值为♯ffffff，"描
边"为无，如图 5-67 所示设置参数，在画面中绘制得到"白色矩形"。
将其放在画面合适的位置。制作效果如图 5-68 所示。

图 5-65　文字制作效果

首页即将到
时板块设计

第 14 步：将素材库中"教学素材"→"第五章"→"电商类 App 设计"→"首页""微淘""订单"
"我的"图标拽入"首页"画板。选中"横排文字工具"，将字体设置为苹方、常规，大小设置为
18 点，色值为♯211c1c，输入文字"首页""微淘""订单""我的"。制作效果如图 5-69 所示。

图 5-67　矩形工具属性设置

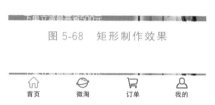

图 5-68　矩形制作效果

图 5-66　海报栏制作效果

图 5-69　Tab 栏制作效果

电商 App 首页的最终效果如图 5-70 所示。

图 5-70　电商 App 首页最终效果

首页 Tab 栏
设计

5.3.5 弹出页面设计

弹出页面是一种常见的用于提醒的交互方式。弹出页面一般包括一个背景、一个蒙版和一个弹出主体。弹出页的优点在于既能够引人注意，又不用离开当前页面，可以让用户更快、更容易地完成任务。如图 5-71 所示。

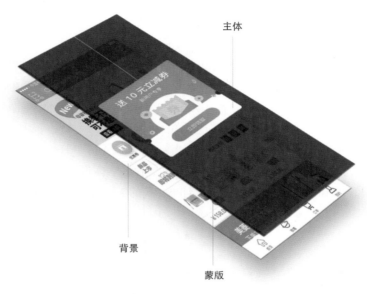

图 5-71 红包弹出页示例

第 1 步：使用"矩形工具" ▢，在"画板 1"绘制宽 750px、高 1334px 的矩形，其"填充"为黑色，"描边"为无，在画面中绘制矩形得到"01 半透明图层"，设置"不透明度"为 78％。如图 5-72 所示。

第 2 步：选中"圆角矩形工具" ▢，设置"填充"为白色，"描边"为无。打开"创建圆角矩形"对话框，如图 5-73 所示设置参数。在画面中绘制圆角矩形得到"02 红包轮廓"。使用"椭圆工具" ◯，按 Shift 键绘制大小合适的圆，单击属性栏中"减去顶层形状" ▣。同理，在右侧制作同样效果。如图 5-74 所示。

第 3 步：选中"圆角矩形工具" ▢，设置"填充"为线性渐变，角度为 180°，渐变控制器起始点色标的色值为 ♯f53900，结束点色标的色值为 ♯f74b00，"描边"为无。打开"创建圆角矩形"对话框，如图 5-75 所示设置参数。在画面中绘制圆角矩形得到"03 红包上半部分"图层。选中"03 红包上半部分"图层，右击，使用"栅格化图层"。选中"03 红包上半部分"图层，按住 Ctrl 键单击"02 红包轮廓"

图 5-72 矩形制作效果

图层的"图层缩略图",得到"02 红包轮廓"选区,反选选区并删除。制作效果如图 5-76 所示。

图 5-73　创建圆角矩形对话框　　　　图 5-74　减去顶层形状制作效果　　　　图 5-75　创建圆角矩形对话框

　　第 4 步:选中"椭圆工具" ,"填充"为白色,按 Shift 键绘制大小为 300 像素的正圆,设置如图 5-77 所示参数。在画面中绘制椭圆得到"04 椭圆"图层。选中"04 椭圆"图层,右击,使用"创建剪贴蒙版"。制作效果如图 5-78 所示。

图 5-76　红包轮廓制作效果　　　　图 5-77　图层面板属性设置　　　　图 5-78　椭圆制作效果

　　第 5 步:设置"填充"色值为♯f43620,使用"钢笔工具"  绘制图形(图 5-79),得到图 5-80 所示属性。选中"05 形状"图层,右击,使用"创建剪贴蒙版"。制作效果如图 5-81 所示。

图 5-79　钢笔工具属性设置　　　　图 5-80　图层面板属性设置　　　　图 5-81　钢笔工具制作效果

第 6 步：选中"矩形工具" ，设置其"填充"色值为＃ffc80a，"描边"为无，打开"创建矩形"对话框（图 5-82），如图 5-83 所示设置参数。在画面中绘制矩形得到"06 矩形"图层。选中"06 矩形"图层，右击，使用"创建剪贴蒙版"。如图 5-84 所示。

图 5-82　创建矩形对话框　　图 5-83　图层面板属性设置　　图 5-84　矩形制作效果

第 7 步：选中"椭圆工具" ，设置其"填充"为白色，"描边"为无，打开"创建椭圆"对话框（见图 5-85），如图 5-86 所示设置参数。在画面中绘制椭圆得到"07 椭圆"图层。按组合键 Ctrl＋J 复制"07 椭圆"图层，得到四个副本并适当排列，同时选中副本图层，右击，使用"创建剪贴蒙版"。按组合键 Ctrl＋E 合并图层，得到"07 椭圆 1"图层。制作效果如图 5-87 所示。

图 5-85　创建椭圆对话框　　图 5-86　图层面板属性设置　　图 5-87　椭圆制作效果

第 8 步：选中"矩形工具" ，设置其"填充"色值为＃ffe16a，"描边"为无，打开"创建矩形"对话框（见图 5-88），如图 5-89 所示设置参数。在画面中绘制矩形得到"08 矩形"图层。选中"08 矩形"图层，右击，使用"创建剪贴蒙版"。制作效果如图 5-90 所示。

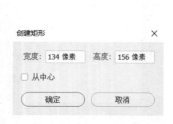

图 5-88　创建矩形对话框　　图 5-89　图层面板属性设置　　图 5-90　矩形制作效果

第 9 步：选中"钢笔工具"，设置其"选择工具模式"为形状，"填充"色值为♯ff4832，"描边"为无(见图 5-91)，按照图 5-92 所示设置参数。在画面上依次绘制需要的图形，得到"09 形状"图层。选中"09 形状"图层，右击，使用"创建剪贴蒙版"。制作效果如图 5-93 所示。

图 5-91　钢笔工具属性设置　　　图 5-92　图层面板属性设置　　　图 5-93　钢笔工具制作效果

第 10 步：选中"圆角矩形工具"，设置其"选择工具模式"为形状，"填充"为白色，"描边"为无，打开"创建圆角矩形"对话框，如图 5-94 所示设置参数。在画面中绘制矩形得到"10 圆角矩形"图层。双击"10 圆角矩形"图层，打开"图层样式"对话框，使用"渐变叠加"选项，设置渐变控制器右侧颜色填充色标的色值为♯fa833b，左边颜色填充色标的色值为♯f53d00，并如图 5-95 所示设置参数，制作图案样式。按组合键 Ctrl＋T 自由变换图像，进行适当的旋转，按 Enter 键确定。选中"10 圆角矩形"图层，右击，使用"创建剪贴蒙版"，并在"图层"面板上设置"不透明度"为 60%。按组合键 Ctrl＋J 复制"10 圆角矩形"图层，得到副本并适当排列(见图 5-96)。制作效果如图 5-97 所示。

图 5-94　创建圆角矩形对话框　　　　图 5-95　渐变叠加对话框属性设置

图 5-96　图层面板属性设置　　　　图 5-97　圆角矩形制作效果

第 11 步：选中"椭圆工具" ，设置其"填充"为白色，"描边"为无，打开"创建椭圆"对话框，如图 5-98 所示设置参数。在画面中绘制椭圆得到"11 椭圆"图层。双击"11 椭圆"图层，打开"图层样式"对话框，使用"渐变叠加"选项，设置渐变控制器右侧颜色填充色标的色值为♯ffca0c，左侧颜色填充色标的色值为♯ffe22b，并如图 5-99 所示设置参数，制作图案样式。制作效果如图 5-100 所示。

图 5-98　创建椭圆对话框　　　图 5-99　渐变叠加对话框属性设置　　　图 5-100　椭圆制作效果

第 12 步：选中"矩形工具" ，设置其"填充"色值为♯f64200，"描边"为无，打开"创建矩形"对话框，按照图 5-101 所示设置参数。在画面中绘制矩形得到"12 矩形"图层。按组合键 Ctrl＋T 自由变换图像，进行适当旋转，按 Enter 键确定。选中"11 椭圆"图层和"12 矩形"图层，按组合键 Ctrl＋G 创建，得到"金币"组。制作效果如图 5-102 所示。

第 13 步：按组合键 Ctrl＋J 复制"金币"组，得到四个副本组并调整排列位置。制作效果如图 5-103 所示。

图 5-101　创建矩形对话框　　　图 5-102　金币制作效果 1　　　图 5-103　金币制作效果 2

第 14 步：选中"横排文字工具" ，如图 5-104～图 5-106 所示分别设置参数，输入文字"送 10 元立减券""新用户专享""券"。使用"移动工具" ，将其放在画面合适的位置。制作效果如图 5-107 所示。

第 15 步：选中"圆角矩形工具" ，设置其"填充"为白色，"描边"为无，打开"创建圆角矩形"对话框，如图 5-108 所示设置参数。在画面中绘制圆角矩形得到"圆角矩形 3"图层。

双击"圆角矩形 3"图层，打开"图层样式"对话框，使用"渐变叠加"选项，渐变控制器右侧颜色填充色值为♯f95a00，左侧颜色填充色值为♯f33200，并按照图 5-109 所示设置参数，制作图案样式。选择"横排文字工具" T，将字体设置为苹方、中等，大小设置为 32 点，色值为♯ffffff，如图 5-110 所示，输入文字"立即领取"。使用"移动工具" ✛，将其放在画面合适的位置。制作效果如图 5-111 所示。

第 16 步：选中"直线工具" ／，设置填充色为无，"描边"为白色，"大小"为 1px，"描边选项"为实线，如图 5-112 所示，按 Shift 键绘制水平直虚线，得到"竖线"图层。使用"移动工具" ✛，将"竖线"图层放在画面合适的位置。制作效果如图 5-113 所示。

图 5-104　文字工具属性
面板参数设置

图 5-105　文字工具属性
面板参数设置

图 5-106　文字工具属性
面板参数设置

图 5-107　文字制作效果

图 5-108　创建圆角矩形
对话框

图 5-109　渐变叠加对话框属性设置

图 5-110　文字工具属性
面板参数设置

图 5-111　立即领取按钮制作效果

图 5-112　直线工具属性设置

图 5-113　直线制作效果

弹出页面
设计

电商 App 弹出页面最终效果如图 5-114 所示。

图 5-114　电商 App 红包页最终效果

5.3.6　个人中心设计

个人中心是 App 应用中所有功能点的集合入口,有的应用也叫"我的"。在这里可以查看个人资料、个人信息以及其他相关功能界面。

设计个人中心应兼顾以下三点。

(1)个人信息的展示。要使用户进入页面时便知道"这是我的个人中心",以及"我在这里可以修改信息""可以编辑个人签名"等。如图 5-115 所示。

(2)功能入口设计。个人中心可以快速链接到各个功能模块。如图 5-116 所示。

(3)突出核心功能入口。在电商 App 中,"我的订单"是用户常用入口,因此该模块需要突出设计,体现出和其他功能入口的差异,帮助用户快速操作。如图 5-117 所示。

个人中心具体制作步骤如下。

图 5-115　个人信息展示

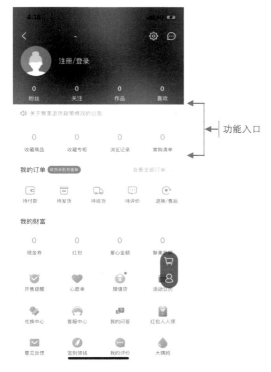

图 5-116 功能入口设计

图 5-117 突出核心功能入口设计

第 1 步：选中"矩形工具" <u>□</u>，设置其"填充"色值为♯ff3b3b，"描边"为无，在"个人中心"画板中单击，打开"创建矩形"对话框，按照图 5-118 所示参数进行设置后，在画面中绘制矩形。将素材库中"教学素材"→"第五章"→"电商类 App 设计"→"设置""消息按钮"拖入"个人中心设计"画板。制作效果如图 5-119 所示。

图 5-118 创建矩形对话框

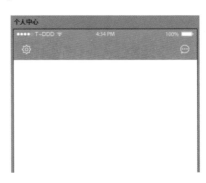

图 5-119 页眉制作效果 1

第 2 步：选中"椭圆工具" <u>○</u>，设置其"填充"为白色，"描边"为无，在"个人中心"画板中单击，打开"创建椭圆"对话框，如图 5-120 所示设置参数后，在画面中绘制椭圆。选择"横排文字工具" <u>T.</u>，将字体设置为苹方、特粗，大小设置为 20 点，色值为♯ff3b3b，如图 5-121，输入文字"5"。选择"移动工具" <u>✛</u>，将其放在画面合适的位置。制作效果如图 5-122 所示。

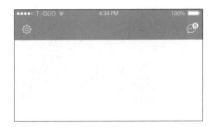

图 5-120　创建椭圆对话框　图 5-121　文字工具属性面板参数设置　　图 5-122　页眉制作效果 2

　　第 3 步：选中"矩形工具"，设置其"填充"色值为♯ff3b3b，"描边"为无。在"个人中心"画板中单击，打开"创建矩形"对话框，如图 5-123 所示进行参数设置后，在画面中绘制矩形。制作效果如图 5-124 所示。

图 5-123　创建矩形对话框　　　　　　　　　图 5-124　矩形制作效果

　　第 4 步：选中"矩形工具"▢，设置其"填充"为白色，"描边"为无。在"个人中心"画板中单击，打开"创建矩形"对话框，按照图 5-125 所示进行参数设置后，在画面中绘制矩形。双击"矩形"图层，打开"图层样式"对话框，使用"投影"选项并如图 5-126 所示设置参数，完成图案样式的制作。制作效果如图 5-127 所示。

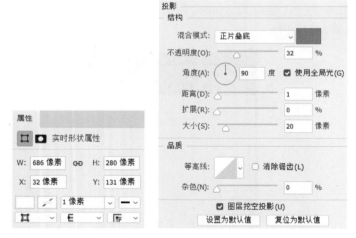

图 5-125　矩形工具属性设置　图 5-126　投影对话框属性设置　　图 5-127　矩形制作效果

　　第 5 步：将素材库中"教学素材"→"第五章"→"电商类 App 设计"→"头像图片"拽入"个人中心设计"画板。选中"横排文字工具"T，将字体设置为苹方、中等，大小设置为 32 点，色值为♯211c1c，如图 5-128 所示，输入文字"淘气值"。使用"移动工具"✛将其放在画面合适的位置。如图 5-129 所示。

图 5-128　文字工具属性面板参数设置　　　　图 5-129　个人头像及名称制作效果

第 6 步：选中"圆角矩形工具" ，无填充色，设置"描边"色值为♯ff3b3b。在"个人中心"画板中单击，打开"创建圆角矩形"对话框，按照图 5-130 所示的参数进行设置后，在画面中绘制矩形。选中"横排文字工具" T,，将字体设置为苹方、中等，大小设置为 20 点，色值为♯ff3b3b，如图 5-131，输入文字"普通会员"。制作效果如图 5-132 所示。

图 5-130　圆角矩形工具　　图 5-131　文字工具属性　　图 5-132　圆角矩形及文字制作效果
　　　　　　属性设置　　　　　　　面板参数设置

第 7 步：选中"圆角矩形工具" ，设置其"填充"色值为♯fe7272，"描边"为无。在"个人中心"画板中单击，打开"创建圆角矩形"对话框，如图 5-133 所示设置参数后，在画面中绘制圆角矩形。选中"圆角矩形"图层，如图 5-134 所示，右击，使用"创建剪贴"。制作效果如图 5-135 所示。

第 8 步：选中"横排文字工具" T,，将字体设置为苹方、中等，大小设置为 24 点，色值为♯ffffff，如图 5-136 所示，输入文字"淘气值"。将字体设置为 DIN、Medium，大小设置为 26 点，色值为♯ffffff，如图 5-137 所示，输入文字"1994"。将素材库中"教学素材"→"第五章"→"电商类 App 设计"→"更多按钮"拽入"个人中心设计"画板。制作效果如图 5-138 所示。

第 9 步：选中"横排文字工具" T,，将字体设置为苹方、常规，大小为 24 点，色值为♯211c1c，如图 5-139 所示，输入文字"收藏夹"。将字体设置为苹方、常规，大小设置为 22 点，色值为♯211c1c，如图 5-140 所示，输入文字"699"。制作效果如图 5-141 所示。

图 5-133　圆角矩形工具
属性设置

图 5-134　图层面板属性设置

图 5-135　圆角矩形制作效果

图 5-136　文字工具属性面板
参数设置

图 5-137　文字工具属性面板
参数设置

图 5-138　文字制作效果

图 5-139　文字工具属性面板
参数设置

图 5-140　文字工具属性面板
参数设置

图 5-141　文字制作效果

个人中心
个人信息
板块设计

　　第 10 步：参照第 9 步，选中"横排文字工具"　，输入其他文字，得到文本图层。制作效果如图 5-142 所示。

　　第 11 步：选中"矩形 3"图层，按组合键 Ctrl+J 复制"矩形 3 拷贝"图层，得到副本并适当排列。制作效果如图 5-143 所示。

　　第 12 步：选中"横排文字工具"　，将字体设置为苹方、粗体，大小设置为 26 点，色值为♯211c1c，如图 5-144 所示，输入文字"我的订单"。将字体设置为苹方、常规，大小设置为 22 点，色值为♯999999，如图 5-145 所示，输入文字"查看全部"。制作效果如图 5-146 所示。

　　第 13 步：选中"直线工具"　，无填充色，设置"描边"色值为♯d3d3d3，"大小"为 1px，如图 5-147 所示。按 Shift 键绘制水平直虚线，得到"直线 1"。制作效果如图 5-148 所示。

图 5-142 文字制作效果

图 5-143 矩形制作效果

图 5-144 文字工具属性面板 图 5-145 文字工具属性面板 图 5-146 文字制作效果
　　　　参数设置 　　　　参数设置

图 5-147 直线工具属性设置

第 14 步: 将素材库中"教学素材"→"第五章"→"电
商类 App 设计"→"待付款""待发货""待收货""待评
价""退款售后图标"拽入"个人中心设计"画板。选中
"横排文字工具" ，将字体设置为苹方、中等，大小
设置为 22 点，色值为#211c1c，如图 5-149 所示，输入
文字"待付款""待发货""待收货""待评价""退款售
后"。制作效果如图 5-150 所示。

图 5-148 直线制作效果

图 5-149 文字工具属性面板参数设置

图 5-150 我的订单栏制作效果

个人中心
我的订单
板块设计

课程练习：请读者按照"我的订单"区域制作方法，依次制作"我的工具""我的数码设备"部分。制作完成效果如图 5-151 所示。

电商 App 个人中心页面最终效果如图 5-152 所示。

图 5-151　课程练习参考图　　　图 5-152　电商 App 个人中心页面最终效果

作业：制作商品详情页和图片流，制作完成效果如图 5-153 和图 5-154 所示。

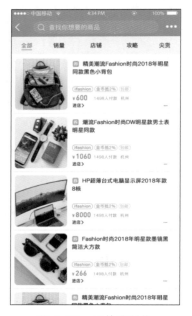

图 5-153　商品详情页制作　　　图 5-154　图片流制作

5.4　音乐类 App 设计

　　德国哲学家尼采说过"没有音乐，生活就会是个错误。"音乐是人们生活中不可或缺的一部分。在苹果及谷歌应用商店中，音乐类 App 长期处于高下载量。

　　音乐类 App 常见功能有在线播放、离线播放、播放列表、随机音乐、电台频道、播放器等。如图 5-155 和图 5-156 所示。

图 5-155　网易云音乐首页、个人中心

图 5-156　网易云音乐播放界面

5.4.1　音乐播放页面设计

　　第 1 步：新建空白文档。如图 5-157 所示。

图 5-157　设置新建文件信息

第 2 步：选中"多边形工具"  ，设置其"填充"色值为♯96a7b3，"描边"为无，如图 5-158 所示。在"播放界面"区域中单击，打开"创建多边形"对话框，如图 5-159 所示设置参数后单击"确定"，在画面中绘制多边形得到"灰色三角形"。制作效果如图 5-160 所示。

图 5-158　多边形工具属性设置　　图 5-159　创建多边形对话框　　图 5-160　多边形制作效果

第 3 步：选中"横排文字工具" T. ，将字体设置为苹方、中等，大小设置为 32 点，色值为 ♯191414，如图 5-161 所示，输入文字 Move Your Body。将字体设置为苹方、中等，大小设置为 24 点，色值为♯96a7b3，如图 5-162 所示，输入文字 This Is Acting/Alan Walker。使用"移动工具" ✛ 将其放在画面合适的位置。制作效果如图 5-163 所示。

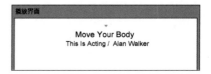

图 5-161　文字工具属性面板　　　　图 5-162　文字工具属性面板　　　图 5-163　文字制作效果
　　　　参数设置　　　　　　　　　　　　参数设置

第 4 步：选中"椭圆工具" ◯. ，设置其"填充"色值为♯c3cbf7，"描边"为无，并在属性栏中按照图 5-164 所示的参数进行设置后，在画面中绘制得到"灰色椭圆"。制作效果如图 5-165 所示。

第 5 步：选中"灰色椭圆"图层，按组合键 Ctrl＋J 复制图层并下移一层。选中复制图层，在属性面板选择蒙版，设置"羽化半径"为 22px，如图 5-166 所示。制作效果如图 5-167 所示。

第 6 步：将素材库中"教学素材"→"第五章"→"音乐类 App 设计"→"歌曲海报 1 图片"拽入"播放界面"画板。如图 5-168 所示，选中图片图层，右击，使用"创建剪贴蒙版"。制作效果如图 5-169 所示。

图 5-164　椭圆工具属性设置

图 5-165　椭圆制作效果

图 5-166　属性面板蒙版的设置

图 5-167　椭圆制作效果

图 5-168　图层面板属性设置

图 5-169　歌曲海报制作效果

第 7 步：选中"椭圆工具" ，设置其"填充"色值为♯ffffff，"描边"为无，并在属性栏中按照图 5-170 所示的参数进行设置后，在画面中绘制得到"白色椭圆"。如图 5-171 所示。

图 5-170　椭圆工具属性设置

图 5-171　椭圆制作效果

第 8 步：选中"椭圆工具" ，设置其"填充"色值为♯ffffff，"描边"为无，在属性栏中按照图 5-172 所示的参数进行设置后，在画面中绘制得到"白色椭圆"。双击"白色椭圆"图层，打开"图层样式"对话框，使用"渐变叠加"选项，将渐变控制器右侧颜色填充色标的色值设置为♯edeffd，左侧颜色填充色标的色值设置为♯cfd5fc，并设置图 5-173 所示的参数，制作图案样式。制作效果如图 5-174 所示。

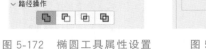
图 5-172　椭圆工具属性设置

图 5-173　渐变叠加对话框属性设置

图 5-174　椭圆制作效果

第 9 步：选中"椭圆工具" ，设置其"填充"色值为#191414，"描边"为无，在属性栏中按照图 5-175 所示的参数进行设置后，在画面中绘制得到"黑色椭圆"，将其放在画面合适的位置。制作效果如图 5-176 所示。

图 5-175　椭圆工具属性设置

图 5-176　椭圆制作效果

第 10 步：选中"黑色椭圆"图层，按组合键 Ctrl＋J 复制图层并下移一层。选中复制图层，在属性面板选择蒙版，设置"羽化半径"为 22px，如图 5-177 所示。在"图层"面板上设置其"不透明度"为 15％，如图 5-178 所示。制作效果如图 5-179 所示。

图 5-177　属性面板蒙版设置

图 5-178　图层面板属性设置

图 5-179　椭圆制作效果

第 11 步：按 Ctrl 键同时选中"黑色椭圆"和"黑色羽化"图层，按组合键 Ctrl＋J 复制图层，将其放在画面合适的位置。制作效果如图 5-180 所示。

第 12 步：选中"圆角矩形工具"⬜，设置其"填充"色值为♯f5f5f5，"描边"为无，在属性栏中按照图 5-181 所示的参数进行设置后，在画面中绘制得到"灰色圆角矩形"。将其放在画面合适的位置。如图 5-182 所示。

图 5-180　歌曲海报板块制作效果

音乐播放页面歌曲海报板块设计

图 5-181　圆角矩形工具属性设置　　　　图 5-182　圆角矩形制作效果

第 13 步：选中"灰色圆角矩形"图层，按组合键 Ctrl＋J 复制图层并下移一层。在属性栏中设置其"填充"色值为♯000000，"描边"为无。选中复制的图层，在属性面板选择蒙版，设置"羽化半径"为 8px。在"图层"面板上设置"不透明度"为 8％，如图 5-183 所示。制作效果如图 5-184 所示。

图 5-183　图层面板属性设置　　　　图 5-184　圆角矩形阴影制作效果

第 14 步：选中"圆角矩形工具"⬜，设置其"填充"色值为♯f5f5f5，"描边"为无，在属性栏中按照图 5-185 所示的参数进行设置后，在画面中绘制得到"灰色圆角矩形"。将其放在画面合适的位置。制作效果如图 5-186 所示。

第 15 步：选中"横排文字工具"T，将字体设置为苹方、中等，大小设置为 30 点，色值为♯1ed760，如图 5-187 所示，输入文字 And the violent...。使用"移动工具"✛ 将其放在画面合适的位置。制作效果如图 5-188 所示。

　　第 16 步：选中"圆角矩形工具" ，设置其"填充"为无，"描边"色值为♯96a7b3，在属性栏中按照图 5-189 所示的参数进行设置后，在画面中绘制得到"灰色圆角矩形"。将其放在画面合适的位置。制作效果如图 5-190 所示。

音乐播放
页面歌词
板块设计

图 5-185　圆角矩形工具
属性设置

图 5-186　圆角矩形制作效果

图 5-187　文字工具属性面板
参数设置

图 5-188　文字制作效果　　　　图 5-189　圆角矩形工具属性设置　　　　图 5-190　圆角矩形制作效果

　　第 17 步：将素材库中"教学素材"→"第五章"→"音乐类 App 设计"→"下载按钮"拽入"播放界面"画板。使用"横排文字工具" ，将字体设置为苹方、中等，大小设置为 24 点，色值为♯191414，如图 5-191 所示，输入文字"下载歌曲"。使用"移动工具" 将其放在画面合适的位置。制作效果如图 5-192 所示。

　　第 18 步：参考第 16 和 17 步制作图 5-193 效果。

　　第 19 步：选中"椭圆工具" ，设置其"填充"色值为♯96a7b3，"描边"为无，在属性栏中按照图 5-194 所示的参数进行设置后，在画面中绘制得到"灰色椭圆"。按组合键 Ctrl＋J复制图层，将其放在画面合适的位置。制作效果如图 5-195 所示。

图 5-191　文字工具属性面板　　　图 5-192　文字制作效果　　　　图 5-194　椭圆工具属性设置
　　　　　参数设置　　　　　　　　图 5-193　文字制作效果

第 20 步：选中"椭圆工具" ，设置其"填充"色值为♯191414，"描边"为无，在属性栏中按照图 5-196 所示的参数进行设置后，在画面中绘制得到"黑色椭圆"。制作效果如图 5-197 所示。

图 5-195　"更多"按键制作　　图 5-196　椭圆工具属性设置　　　图 5-197　椭圆制作效果

第 21 步：选中"黑色椭圆"图层，按组合键 Ctrl＋J 复制图层并下移一层。选中复制的图层，在属性面板选择蒙版，设置"羽化半径"为 22px，如图 198 所示。在"图层"面板中设置其"不透明度"为 32％，如图 5-199 所示。制作效果如图 5-200 所示。

图 5-198　属性面板蒙版设置　　　图 5-199　图层面板属性设置　　图 5-200　椭圆阴影制作效果

第 22 步：选中"多边形工具" ，设置其"填充"色值为♯ffffff，"描边"为无。在"创建多边形"对话框中按照图 5-201 所示的参数进行设置后，在画面中绘制得到"白色三角形"。制作效果如图 5-202 所示。

图 5-201　创建多边形对话框　　　　　图 5-202　多边形制作效果

第 23 步：选中"多边形工具" ○ ，设置其"填充"色值为♯191414，"描边"为无。在"创建多边形"对话框中按照图 5-203 所示的参数进行设置后，在画面中绘制得到"黑色三角形"。制作效果如图 5-204 所示。

第 24 步：选中"黑色三角形"图层，按组合键 Ctrl＋J 复制图层并下移一层。选中复制的图层，在属性面板选择蒙版，设置"羽化半径"为 22px。在"图层"面板上设置其"不透明度"为 30％。制作效果如图 5-205 所示。

图 5-204　多边形制作效果

图 5-203　创建多边形对话框　　　　图 5-205　多边形阴影制作效果

第 25 步：选中"直线工具" / ，设置其"填充"色值为♯191414，"描边"为无，按 Shift 键绘制垂直直线，得到"黑色竖线"。制作效果如图 5-206 所示。

第 26 步：按 Ctrl 键同时选中"黑色三角形""黑色羽化"和"黑色竖线"图层，再按快捷键 Ctrl＋J 复制图层，将其放在画面合适的位置。制作效果如图 5-207 所示。

第 27 步：将素材库中"教学素材"→"第五章"→"音乐类 App 设计"→"随机播放""顺序播放按钮"拖入"播放界面"画板。制作效果如图 5-208 所示。

播放页面
播放按钮
板块设计

图 5-206　直线制作效果　　图 5-207　左右切换按钮制作效果　　图 5-208　播放按钮板块制作效果

第 28 步：选中"横排文字工具" T. ，将字体设置为苹方、中等，大小设置为 26 点，色值为♯060606，如图 5-209 所示，输入文字"00：56""02：36"。使用"移动工具" ✥ 将其放在画面合适的位置。制作效果如图 5-210 所示。

图 5-209　文字工具属性面板参数设置　　　　　　　　　图 5-210　文字制作效果

第 29 步：将素材库中"教学素材"→"第五章"→"音乐类 App 设计"→"蓝牙按钮"拖入"播放界面"画板。选中"横排文字工具" T，将字体设置为苹方、中等，大小设置为 26 点，色值为♯96a7b3，如图 5-211 所示，输入文字 Crusher Wireless。使用"移动工具" 将其放在画面合适的位置。制作效果如图 5-212 所示。

图 5-211　文字工具属性面板参数设置　　　　　图 5-212　文字制作效果

第 30 步：选中"钢笔工具" ，如图 5-213 所示，设置其"选择工具模式"为形状，"填充"为无，"描边"为线性渐变，角度为 90°，起始点色标的色值为♯4fd63e，结束点色标的色值为♯71d627，依次绘制需要的图形，得到"绿边形状"。制作效果如图 5-214 所示。

第 31 步：选中"绿边形状"图层，按快捷键 Ctrl＋J 复制图层并下移一层。选中复制的图层，设置其"填充"色值为♯4fd63e，"描边"为无，如图 5-215 所示。在属性面板选择蒙版，设置"羽化半径"为 30px，如图 5-216 所示。在"图层"面板上设置其"不透明度"为 22％，如图 5-217 所示。制作效果如图 5-218 所示。

图 5-213　钢笔工具属性设置

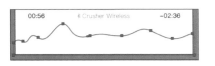

图 5-214　形状制作效果

图 5-215　形状属性设置

图 5-216　属性面板蒙版设置

图 5-217　图层面板属性设置

图 5-218　形状制作效果

第 32 步：选中"绿边形状"图层，按组合键 Ctrl＋J 复制图层，设置其"填充"为线性渐变，角度为－180°，起始点色标的色值为＃5de336，结束点色标的色值为＃1ed760，"描边"为无，如图 5-219 所示。使用"添加锚点工具"  ，在"绿色形状"添加锚点。使用"直接选择工具"  删除多余锚点。制作效果如图 5-220 所示。

图 5-219　形状属性设置

图 5-220　形状制作效果

第 33 步：选中"直线工具"  ，设置其"填充"色值为＃ffffff，"描边"为无，如图 5-221所示。按 Shift 键绘制垂直直线，得到"白色竖线"。制作效果如图 5-222 所示。

图 5-221　直线工具属性设置

第 34 步：选中"椭圆工具"  ，设置其"填充"色值为＃ffffff，"描边"为无，在属性栏中按照图 5-223 所示的参数进行设置后，在画面中绘制得到"白色椭圆"。制作效果如图 5-224 所示。

图 5-222　直线制作效果

第 35 步：选中"椭圆工具" ，设置其"填充"色值为＃191414，"描边"为无，在属性栏中按照图 5-225 所示的参数进行设置后，在画面中绘制得到"黑色椭圆"。制作效果如图 5-226 所示。

播放页面
歌曲波段
板块设计

图 5-223　椭圆工具
属性设置

图 5-224　椭圆制作
效果

图 5-225　椭圆工具
属性设置

图 5-226　椭圆制作
效果

音乐类 App 播放界面最终效果如图 5-227 所示。

5.4.2　音乐类 App 首页设计

第 1 步：选中"椭圆工具"，设置其"填充"为线性渐变，角度为 90°，起始点色标的色值为♯5de336，结束点色标的色值为♯1ed760，"描边"为无，再在属性栏中按照图 5-228 所示的参数进行设置。制作效果如图 5-229 所示。

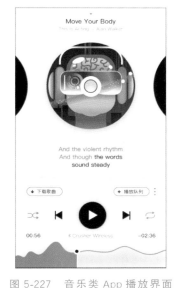

图 5-227　音乐类 App 播放界面　　图 5-228　椭圆工具属性设置　　图 5-229　椭圆制作效果
最终效果

第 2 步：选中"圆角矩形工具"，设置其"填充"色值为♯ffffff，"描边"为无，在属性栏中按照图 5-230 所示的参数进行设置。在画面中绘制得到"白色圆角矩形"，将其放在画面合适的位置，按组合键 Ctrl+J 复制图层。制作效果如图 5-231 所示。

第 3 步：选中"圆角矩形工具"，设置其"填充"色值为♯ffffff，"描边"为无，在属性栏中按照图 5-232 所示的参数进行设置后，在画面中绘制得到"白色圆角矩形"。将其放在

图 5-230　圆角矩形工具属性设置　　图 5-231　圆角矩形制作效果　　图 5-232　圆角矩形工具属性设置

画面合适的位置。按组合键 Ctrl＋J 复制图层,再按组合键 Ctrl＋T 自由变换图像,进行适当的旋转,最后按 Enter 键确定。制作效果如图 5-233 所示。

第 4 步:选中"横排文字工具" ,将字体设置为苹方、粗体,大小设置为 32 点,色值为 ♯ ffffff,如图 5-234 所示,输入文字"音乐"。使用"移动工具" 将其放在画面合适的位置。制作效果如图 5-235 所示。

图 5-233　添加图标　　　图 5-234　文字工具属性面板　　　图 5-235　页眉制作效果
　　　制作效果　　　　　　　　参数设置

第 5 步:选中"横排文字工具" ,将字体设置为苹方、粗体,大小设置为 32 点,色值为 ♯ ffffff,如图 5-236 所示,输入文字"我的""发现"。使用"移动工具" 将其放在画面合适的位置。在"图层"面板上设置其"不透明度"为 80％,如图 5-237 所示。制作效果如图 5-238 所示。

首页导航栏
设计

图 5-236　文字工具属性面板　　　图 5-237　图层面板属性设置　　　图 5-238　文字制作效果
　　　参数设置

第 6 步:选中"圆角矩形工具" ,设置其"填充"色值为 ♯ ffffff,"描边"为无,在属性栏中按照图 5-239 所示的参数进行设置后,在画面中绘制得到"白色圆角矩形"。将其放在画面合适的位置。在"图层"面板上设置其"不透明度"为 40％。如图 5-240 所示。

图 5-239　圆角矩形工具属性设置　　　图 5-240　搜索框制作效果

第 7 步：将素材库中"教学素材"→"第五章"→"音乐类 App 设计"→"搜索按钮"拖入"首页"画板。选中"横排文字工具"  ，将字体设置为苹方、粗体，大小设置为 32 点，色值为 ♯ ffffff，输入文字"搜索"。使用"移动工具" ，将其放在画面合适的位置。制作效果如图 5-241 所示。

第 8 步：选中"圆角矩形工具" ，设置其"填充"色值为 ♯ 5de336，"描边"为无，在属性栏中按照图 5-242 所示的参数进行设置后，在画面中绘制得到"绿色圆角矩形"。将其放在画面合适的位置。制作效果如图 5-243 所示。

图 5-241　搜索框内文字制作效果

首页搜索栏
设计

图 5-242　图层面板属性设置

图 5-243　圆角矩形制作效果

第 9 步：将素材库中"教学素材"→"第五章"→"音乐类 App 设计"→"歌曲海报 2 图片"拖入"首页"画板。选中图片图层，右击，使用"创建剪贴蒙版"。制作效果如图 5-244 所示。

第 10 步：选中"圆角矩形工具" ，设置其"填充"色值为 ♯ ffffff，"描边"为无，在属性栏中按照图 5-245 所示的参数进行设置后，在画面中绘制得到"白色圆角矩形"。选中图层，右击，使用"创建剪贴蒙版"。制作效果如图 5-246 所示。

图 5-244　海报制作效果

图 5-245　圆角矩形工具属性设置

图 5-246　圆角矩形制作效果

第11步：选中"横排文字工具" T. ，将字体设置为苹方、常规，大小设置为28点，色值为♯1cbe56，如图5-247所示，输入文字"新歌速递"。制作效果如图5-248所示。

第12步：参考第8和第9步，制作如图5-249所示的海报栏效果。

图5-247　文字工具属性
面板参数设置

图5-248　文字制作效果

图5-249　海报栏制作效果

首页海报栏
设计

第13步：将素材库中"教学素材"→"第五章"→"音乐类App设计"→"歌手""排行""分类歌单""电台""视频图标"拖入"首页"画板。选中"横排文字工具" T. ，将字体设置为苹方、常规，大小设置为24点，色值为♯020f07，如图5-250所示，输入文字"歌手""排行""分类歌单""电台""视频"。制作效果如图5-251所示。

图5-250　文字工具属性面板参数设置

图5-251　图标区制作效果

首页图标区
设计

第14步：选中"圆角矩形工具" ▢ ，设置其"填充"色值为♯5de336，"描边"为无，在属性栏中按照图5-252所示的参数进行设置后，在画面中绘制得到"绿色圆角矩形"，将其放在画面合适的位置。制作效果如图5-253所示。

图5-252　圆角矩形工具属性设置

图5-253　圆角矩形制作效果

第 15 步：将素材库中"教学素材"→"第五章"→"音乐类 App 设计"→"歌曲海报 3 图片"拖入"首页"画板。选中图片图层，右击，使用"创建剪贴蒙版"。制作效果如图 5-254 所示。

第 16 步：选中"圆角矩形工具"[〇]，设置其"填充"色值为♯5de336，"描边"为无，在属性栏中按照图 5-255 所示的参数进行设置后，在画面中绘制得到"绿色圆角矩形"。选中图层，右击，使用"创建剪贴蒙版"。制作效果如图 5-256 所示。

第 17 步：选中"横排文字工具"[T.]，将字体设置为苹方、常规，大小设置为 20 点，色值为♯ffffff，如图 5-257 所示，输入文字"个性电台"。制作效果如图 5-258 所示。

第 18 步：将素材库中"教学素材"→"第五章"→"音乐类 App 设计"→"播放图标"拖入"首页"画板。如图 5-259 所示。

图 5-254　海报制作效果　　　图 5-255　圆角矩形工具属性设置　　　图 5-256　圆角矩形制作效果

图 5-257　文字工具属性面板　　　图 5-258　文字制作效果　　　图 5-259　播放图标
　　　　　参数设置　　　　　　　　　　　　　　　　　　　　　　　　制作效果

第 19 步：参考第 14～18 步制作图 5-260 效果。

第 20 步：选中"圆角矩形工具"[〇]，设置其"填充"色值为♯5de336，"描边"为无，在属性栏中按照图 5-261 所示的参数进行设置后，在画面中绘制得到"绿色圆角矩形"。选中"横排文字工具"[T.]，

图 5-260　主页部分区域制作效果

将字体设置为苹方、常规，大小设置为 24 点，色值为♯020f07，如图 5-262 所示，输入文字"为你推荐歌单"。制作效果如图 5-263 所示。

第 21 步：将素材库中"教学素材"→"第五章"→"音乐类 App 设计"→"更多按钮"拖入"首页"画板。选中"横排文字工具" ，将字体设置为苹方、常规，大小设置为 20 点，色值为♯5d625f，如图 5-264 所示，输入文字"更多"。如图 5-265 所示。

图 5-261　圆角矩形工具
属性设置

图 5-262　文字工具属性面板
参数设置

为你推荐歌单

图 5-263　文字制作效果

图 5-264　文字工具属性面板参数设置

更多 >

图 5-265　文字制作效果

第 22 步：参考第 14 步和第 15 步制作图 5-266 效果。

第 23 步：将素材库中"教学素材"→"第五章"→"音乐类 App 设计"→"耳机图标"拖入"首页"画板。选中"横排文字工具" ，将字体设置为苹方、常规，大小设置为 20 点，色值为♯ffffff，如图 5-267 所示，输入文字"3200 万"。制作效果如图 5-268 所示。

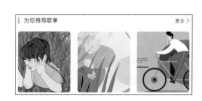

图 5-266　歌曲海报制作效果

首页歌曲
分类板块
设计

图 5-267　文字工具属性面板参数设置

图 5-268　文字制作效果

第 24 步：选中"矩形工具"□，设置其"填充"色值为 #ffffff，"描边"为无，在属性栏中按照图 5-269 所示的参数进行设置后，在画面中绘制得到"白色矩形"。双击"白色矩形"图层，打开"图层样式"对话框，使用"投影"选项并按照图 5-270 所示设置参数，完成图案样式制作。制作效果如图 5-271 所示。

图 5-269　矩形工具属性设置

第 25 步：选中"椭圆工具"○，设置其"填充"色值为 #5de336，"描边"为无，在属性栏中按照图 5-272 所示的参数进行设置后，在画面中绘制得到"绿色椭圆"，如图 5-273 所示。

第 26 步：将素材库中"教学素材"→"第五章"→"音乐类 App 设计"→"头像 2 图片"拖入"首页"画板。选中图片图层，右击，使用"创建剪贴蒙版"。制作效果如图 5-274 所示。

图 5-270　投影对话框属性设置

图 5-271　矩形工具投影制作效果

图 5-272　椭圆工具属性设置

图 5-273　椭圆制作效果

图 5-274　用户头像制作效果

第 27 步：选中"横排文字工具"T，将字体设置为苹方、常规，大小设置为 24 点，色值为 #020f07，如图 5-275 所示，输入文字 Precious。将字体设置为苹方、常规，大小设置为

20 点,色值为♯5d625f,如图 5-276 所示,输入文字"张杰"。制作效果如图 5-277 所示。

图 5-275　文字工具属性面板　　　　图 5-276　文字工具属性面板　　　　图 5-277　文字制作效果

　　　　　参数设置　　　　　　　　　　　　参数设置

第 28 步:将素材库中"教学素材"→"第五章"→"音乐类 App 设计"→"播放""列表图标"拽入"首页"画板。如图 5-278 所示。

图 5-278　播放栏制作效果

音乐类 App 个人主页最终效果如图 5-279 所示。

首页播放栏
设计

图 5-279　音乐类 App 个人主页最终效果

第 6 章

网站界面设计

网页设计也被称为 Web Design、网站设计、Website design、WUI 等。其本质就是网站的图形界面设计。作为 UI 设计师必须掌握网站设计的规范并理解网站运行的原理,才能更好地开展工作。

网页设计一般分为三大类:功能型网页设计(服务网站 &B/S 软件用户端)、形象型网页设计(品牌形象网站)、信息型网页设计(门户网站)。实际操作中,应根据设计网页的目的不同,选择不同的网页策划与设计方案。

◎ 学习目标

(1) 了解网页设计工作流程。

(2) 了解网站种类。

(3) 理解网站组成部分。

(4) 理解技术原理。

(5) 掌握网页设计规范。

◎ 基本技能

(1) 根据网站需求搭建网站界面架构。

(2) 熟练使用软件工具进行网站界面设计。

(3) 通过最终视觉定稿,实现设计规范。

6.1 网站设计的工作流程

除了用户研究、撰写产品需求文档、做竞品调研之外,与设计师密切相关的网站项目流程可以分为原型图、视觉稿、设计规范、切图、前端代码、视觉走查六个阶段。每个阶段都需要设计师参与。如图 6-1 所示。

图 6-1　网站设计工作流程

6.1.1 原型图

在原型图阶段设计师需要和产品经理沟通,与产品经理达成一致后再开始设计。如图 6-2 所示。

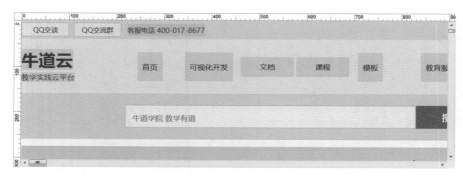

图 6-2　网站原型图

6.1.2 视觉稿

根据原型图确定内容和版式,完成网站的界面设计。在设计过程中,设计师需要收集整理素材,设计"情绪板"(Mood Board),如图 6-3 所示。情绪板就是将一些与主题相关的资料和素材拼贴在一起,更好地指引设计主题和大体感觉。主视觉下面的信息布局更强调合理性,设计师需要根据产品原型提供的图片尺寸、标题字段长度等,完成页面信息部分的视觉设计。

6.1.3 设计规范

当视觉稿通过后,设计师总结设计规范。设计规范就是所有页面中共性的元素,如字体大小、图片尺寸、按钮样式等,这些元素在用户访问网站时会形成唯一的视觉凭证,从而减少用户记忆负担和思考成本。同时,设计规范也可以保证同一项目的不同设计师能输出一样

图 6-3　设计情绪板

的风格。设计规范就是把主要页面的元素固定成统一元素。具体来讲网站的设计规范应该有字体规范、主体色规范、图标规范、图片规范等不同分类。

1. 基本概念

（1）什么是设计规范？设计规范是适用于 Web 产品的人机交互界面设计方面的指导手册。它是一套贯穿于以用户为中心的设计指导方向，根据 Web 产品的特点制定出的规范，其目的是提升用户体验、控制产品设计质量、提高设计效率。

（2）设计规范的使用范围。设计规范手册适合界面设计师、用户体验设计师、前台技术工程师、发布支持人员、运营编辑人员参照使用。

2. 标准意义

（1）统一识别。设计规范能统一页面相同属性单元，防止混乱以及严重错误，避免用户在浏览时理解困难。

（2）节约资源。除活动推广等个性页面外，其他页面使用本规范标准能极大地减少设计时间，达到节约资源的目的。

（3）重复利用。相同属性单元、页面新建时可重复使用已有标准。减少无关信息，即减少对主体信息传达的干扰，以利于阅读与信息传递。

（4）上手简单。新设计师或前端人员查看标准能使工作上手时间更短，减少出错。

3. 指导标准

（1）网页宽度。不同品牌浏览器的结构框架会有差异，因此网页的宽度在不同浏览器中会有细微的差别。以 IE 浏览器为例，如图 6-4 所示，其右侧内容滚动条宽度为 21px。因

图 6-4　浏览器基本结构框架

此在 IE 下,网页宽度减少 21px,即 1280px—21px＝1259px。所以,如果是 1280 的分辨率,网页设置成 1258px 的宽度会安全一些。正文宽度一般设置为 980px。当涉及有背景图案的专题页时,可将网页宽度设置为 1440px,正文宽度设置为 980px。

（2）颜色。建议设计时使用 256Web 安全色,在 PS 中选择 RGB/8 位。其他模式的色域很宽、颜色范围很广,在某些显示屏中呈现会有失色现象。

注:活动专题页可不按此规范执行。

（3）字体字号。网页正评语一律采用宋体 9 号(12px)字,黑体一般很少在正文中使用,主要用做标题。建议 12px 与 14px 的混合搭配使用,避免大面积使用加粗字体。英文字体从 9px 开始即可清晰显示,选择空间较大。10px、11px、12px、13px 都是常见的字号大小。字体请使用系统自带字体,例如 Tahoma、Arial、Verdana。

（4）页面布局。版块排版在视觉上要符合纵向分割,横向模块间距统一,纵向可根据页面需求适当区分。

6.1.4　切图

设计师的切图输出物是体现一个设计师专业水准的重要标准,同时也是表达自己设计态度的最有力的语言。合适、精准的切图可以最大限度地还原设计图,起到事半功倍的效果。如图 6-5 和图 6-6 所示。

图 6-5　Photoshop 中的切图工具

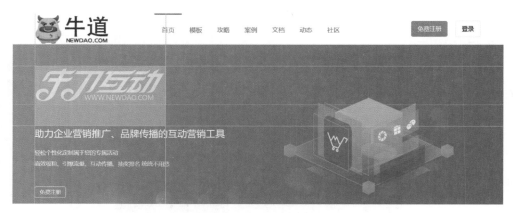

图 6-6　切片效果

在开发过程中,首先,切图输出要能够确保设计效果图的高保真还原;其次,切图输出要尽可能降低工程师的开发工作量,避免因切图输出而增加不必要的工作量;最后,为了提升用户体验,降低服务器成本,要对输出的切图文件进行压缩。

利用"Tinypng"(https://tinypng.com/)智能 png 和 jpg 在线压缩工具,可以将较大的图片切图,并在不影响图片质量的情况下压缩。如图 6-7 所示。

图 6-7　在线压缩工具

6.1.5　前端代码

前端工程师会用代码重构设计页面,把设计稿变为静态页面,再由后端工程师调取数据接口,一个网站就此产生。为了统计网站是否可以达到预期的访问量,设计师会进行埋点分析。埋点就是在页面代码里插入一些统计代码,追踪用户在每个界面上的系列行为。最后,测试工程师检查网站有没有缺陷(Bug)。如图 6-8 所示。

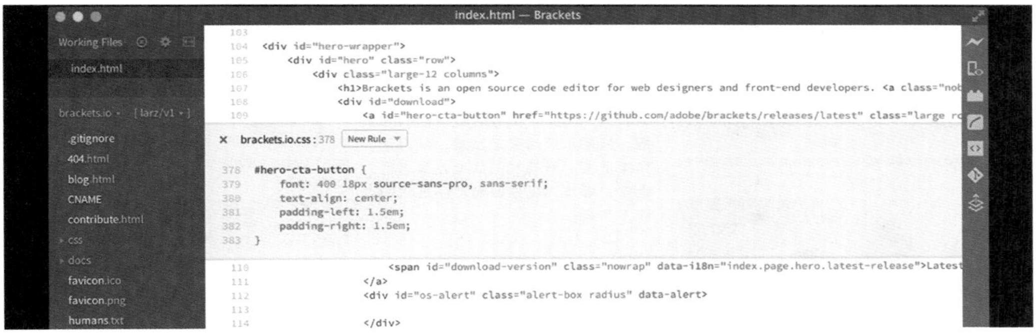

图 6-8　代码视图

6.1.6　视觉走查(走查工具)

设计师需要全程参与产品开发,不仅在于前期的原形/视觉/交互设计阶段,在交付开发后还需要对视觉稿的细节进行反复调整和优化,对各种异常的流程页面进行设计和完善;在开发出静态页面后,需要对页面进行视觉走查,保证开发对设计稿的还原度;在接口开发完成后,对页面的动态效果进行交互走查,确保用户的交互体验与最初的设计保持一致;在走查的过程中,结合实际情况对走查过程中发现的一些突出问题进行论证和优化,直到交付产品上线。如图 6-9 所示。

公司对设计岗位的职责要求主要分为视觉设计和交互设计两个方向。创业公司中,可

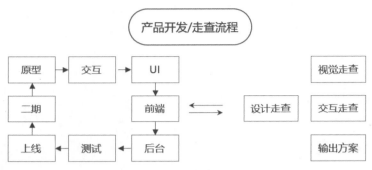

图 6-9　产品开发走查流程图

能一个设计师需要兼顾产品/视觉/交互设计,成熟公司会进行岗位细分,根据岗位职责的不同,交付的内容和走查的内容也有相应区分。现在很多开发在实现的过程中使用的都是第三方开源的代码或 UI 框架,再根据本公司的产品需求进行修改以实现快速迭代,这种方式作为敏捷开发的一部分,有利有弊。一方面,能较大地提高开发效率,很多的内容不需要重写,直接用成熟的、已验证的方案也能减少风险;另一方面,由于代码是别人写的,在修改和优化的过程中可能存在遗漏和修改不到位的情况,造成线上效果差异。所以设计走查非常关键,在走查过程中,要根据自己的设计职责进行对应的走查和结果输出,确保产品设计能够按需呈现在用户面前,保证产品的完成度和使用体验。产品设计效果与开发效果对比如图 6-10 所示。

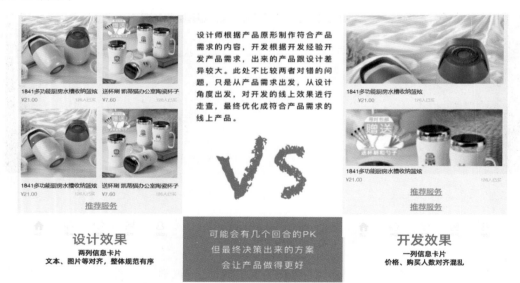

图 6-10　产品设计效果与开发效果对比

　　设计走查主要分为两个部分:视觉走查和交互走查。
　　视觉走查是针对开发出来的静态页面跟视觉设计稿进行细节的校对和检查,确保开发出来的视觉效果跟最初的设计保持一致。视觉走查后,将发现的问题进行汇总并输出给前端开发,输出后需要跟进开发修改进度,在修改完成后对之前发现的所有问题进行验收。

交互走查主要是针对动态的交互效果进行检查,包括设备的特性及人机交互的细节体验,确保交互效果符合最初的设计。同样,交互走查后需要汇总发现的问题并进行输出,之后跟进验收。

视觉走查(visual walkthrough)就是针对静态页面的线上视觉效果进行走查,包括所有的视觉元素。一般最先开发出来的页面是最先设计好的,这之后设计师会设计其他的内容,所以最重要的是回顾自己的设计稿,找回自己当时的设计思路,然后再根据设计稿对线上效果进行走查。视觉走查时,由于人眼及设备差异,可能无法一眼看出问题,这就需要设计师具备一些简单的代码能力,包括但不限于对宽高、颜色、文字、对齐方式等代码的核对及替换能力。视觉走查主要包括的内容如图 6-11 所示。

图 6-11　视觉走查包括的主要内容

1. 颜色

(1) 色值。走查每个元素的颜色,包括但不限于大背景、各模块背景、线条、icon、按钮、文字等。每个元素的色值要跟设计稿保持一致,有些颜色不同但一眼看不出来,需要通过代码进行核查;若色值跟设计稿一致但视觉效果较差,需要设计师及时进行颜色的调整,并通过修改代码的方式快速论证修改后的效果。

(2) 透明度。部分有透明度的颜色,在实际使用中可能会跟设计稿的效果有差异,若显示异常则需要及时进行调整——修改透明度或者直接更改色值。

(3) 色差。不同的设备因为屏幕的原因会存在显示色差。例如 PC 端 mac 和其他显示器在颜色显示上会存在较为明显的差异,同样的 mac,imac 和 macbook 的显示效果也有偏差。这就需要设计师在设计时跟产品和项目经理确认好颜色的选择,若都存在差异,可选择用户使用率最高的那种显示器的颜色为基准效果。

(4) 汇总输出。在颜色的走查过程中,若发现颜色使用错误,需要在文档中写清楚具体位置及对应正确的色值;若颜色正确但需要修改,需要在文档中说明对应的位置及修改后的色值;若修改涉及全局,例如某一类文字的颜色都要修改,则需要在文档中进行特别说明或专门区分出需全局修改的内容。颜色走查举例如图 6-12 所示。

2. 字体

(1) 字体。一个产品尽量采用同一种字体显示以确保用户体验,数字较多或者英文较多的产品,可以考虑使用中文与英文、数字不同的字体。若数字较为重要或个别数字需要特别突出,也可以考虑使用单独的字体来显示,这些都需要在设计评审时跟开发人员确认,以便提前定义字体。在走查的过程中,需要针对产品的每个细节进行字体的走查,避免因为使用别的框架或组件导致同一个产品或同一个页面的文字显示的字体不一致。

(2) 字号。产品所有的字号都需要进行走查,以避免因为使用其他框架的默认字号导致产品的字号显示错误。同时在字号设计时,应避免使用奇数字号。PC 端产品谷歌浏览

图 6-12　颜色走查举例

器支持的最小字号为 12px,考虑到兼容性问题,建议字号尽量做到 12px 以上。如果有一些说明性的小字号,可以单独标注出来,开发可以写出 12px 以下的字号并保证显示效果的。

(3)文字属性。使用最多的属性是加粗,在走查的时候需要核对文字的属性情况,有一些加粗的效果一眼可能看不出来,最好通过代码进行核对。实际的效果可能跟设计稿会存在偏差,如应该加粗的标题内容未加粗导致可读性较差或区分不明显等。

(4)汇总输出。在文字的走查过程中,如果发现文字有任何需要修改的地方,需要明确指出具体位置。字体不一致的要截图;字号不一致的,截图并给予正确的字号;文字属性不一致的,说清楚修改后的属性要求;若涉及视稿的调整则需要单独进行说明。如图 6-13 所示。

图 6-13　字体走查

3. 图标/icon

(1)正确性。产品中会涉及较多的图标,推荐的制作方法是把所有图标汇总到一个画板中进行上传,这样方便检查和开发下载。在开发的过程中,因为图标过多或者相似导致使用错误的情况并不少见,所以在走查时需要核对图标的正确性。

(2)大小。直接使用蓝湖等插件进行图标下载时,系统会提供几种不同大小的图标,开发人员会根据需要显示效果来使用。但上线后的效果不一定令人满意,可能存在大小错误或使用不当的情况,需要仔细核对。

(3)显示效果。一旦图标的大小使用错误,在页面中的显示比例就会存在问题,同时也可能导致图标模糊的情况。图标在不同分辨率的屏幕上看到的效果略有差异。

(4)汇总输出。图标相对其他内容在整个产品中是比较特别的,一般单个页面不会太多,走查时容易忽略,需要格外注意。输出时要将对应的位置截图,并描述清楚需要更换的图标,最好给出使用的尺寸以避免反复修改。如图 6-14 所示。

4. 间距

(1)元素间距。走查时应核对所有设计元素(文字、分割线、按钮等)之间的间距,确保所有的间距跟设计稿保持一致。在开发过程中开发人员可能并没有严格按照设计尺寸进行设计,因此需要在走查过程中对间距进行核对,若间距错误,在代码中进行调整以确保视觉效果。

(2)模块间距。模块与模块之间的间距一般都是固定的,但由于设计和实际实现可能存在差异,或者由于项目或产品经理临时的意见等都可能导致间距跟设计尺寸不一致。此时需要根据实际的效果对设计的间距进行确认,若实际影响不大也需要进行确认说明。

(3)汇总输出。走查间距后输出时需要明确写出是外边距还是内边距、上边距还是下边距,以及文字可能存在上、下、左、右、居中等情况,都要在输出时写清楚。具体要调整的数值也需要写清楚,最好是先自行在代码中调试后再写进修改意见,以确保修改效果。如图 6-15所示。

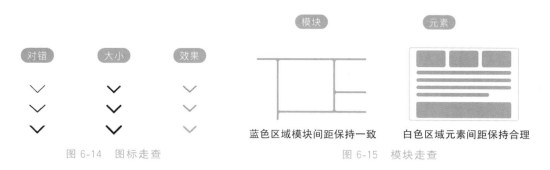

图 6-14　图标走查　　　　　　　　　　　　　图 6-15　模块走查

5. 控件

(1)按钮。在走查过程中需要对按钮的宽度、颜色、圆角、文字等进行核对,若需要修改则截图并注明修改的具体数值。

(2)输入框。在走查过程中,需对输入框的文字描述、颜色、圆角、图标等进行核对,确保相同界面或相同类型的输入框样式保持一致。因为部分开发人员可能会使用不同的组件,导致输入框不统一。输入后的删除图标也需要同步设计出来。

(3)弹窗。走查时需核对弹窗的样式、颜色、文字、按钮、内容等。有多种类型的弹窗时需保证相同类型的弹窗样式统一、内容和操作统一,避免因为使用组件导致同一种提示类型出现多种不同样式的弹窗。

(4)列表。列表的标题、内容、分割、背景等都要在走查时进行核对。如,确保标题和内容有效区分、内容之间的区分足够明显、分割线或背景不会造成视干扰、排序操作中相关的操作图标需要对应展示,等等。

(5)滚动条。一般情况下,页面只有纵向滚动条,但在数据字段较多且无法完全展示时,可以横纵滚动条同时展示。滚动条的粗细、颜色等都需要在走查时确认,还要确保滚动条显示在内容的上方。滚动体的透明度也需要进行核对。

(6)选框。选框样式包括单选、多选、下拉等。走查中应核对选框的颜色、圆角、粗细、文字描述、图标等,确保相同类型的选框样式保持一致、图标的颜色一致、文字描述的颜色和字体字号都一致。如图 6-16所示。

6. 其他

(1)圆角度。同一产品中所有元素和模块的圆角度都要统一。如果模块有圆角,模块

图 6-16　控件走查

上的标题最左和最右侧也要有圆角,中间保持直角;所有的元素都要跟相同类型的元素保持圆角度统一,例如按钮,要根据按钮的大小调整不同的圆角度。

(2)宽高。所有相同类型元素的宽高应保持一致,包括形状、线条、间隔、背景等,以确保界面设计的一致性。在进行走查时不仅要按视觉稿进行核对,还要按实际的效果确认是否需要进一步修改和优化。例如,数据列表在设计稿上看高度足够,但实际可能因为数据较多导致内容非常拥挤、可读性较差,需进行二次修改等。

(3)线条。线条的属性在产品使用中会因场景不同而存在差异,包括颜色、虚实、粗细、长短等,走查时需要确认实际视觉效果。线条是辅助元素,起到辅助的作用即可,要避免因为线条的颜色粗细等对内容造在干扰。在数据较多时需要对线条进行弱化,但也要保证能起到分割的作用。

(4)对齐方式。内容的对齐方式一般都是左对齐。在内容较少且较为重要的单独模块中,可考虑居中对齐;数据列表中,文字部分可以采用左对齐,但数字部分要采用右对齐,这个设计主要基于数字的可读性,相同位数的数字,左侧数字越大则值越大;不同位数的数字,左侧越长则值越大。

(5)清晰度。图、logo、图标、文字都需要保证清晰度。因为切图或者颜色原因导致内容看不清时,需要及时确认设计稿,并输出正确的修改意见。

(6)适配。不同的设备视觉显示效果存在差异,在进行走查时,最好在多个设备上进行核对,以避免个别设备上页面视觉显示异常。

(7)交互走查(interactive walkthrough)。静态走查完成后,页面视觉优化基本完成,进入交互走查阶段。根据开发进度的不同,交互走查也可与视觉走查同步进行。交互走查根据界面的人机交互情况进行动态走查,所有人机交互的内容以及交互的很多细节都需要进行反复确认,包括极值条件及异常条件,避免产品的交互细节出现问题。如图 6-17 所示。

交互走查的内容在此没有展开讲解,可参考上面的导图逐步进行,也可自己制作交互走查表来进行走查。上图只是用户可以明确感知的交互内容,实际还有许多交互内容在交互设计时就需要考虑。

在常规走查完成后,还可以进行极端走查,例如频繁单击、频繁操作、选择交互条件以外的内容等,走查出各种极端条件下的交互反馈。

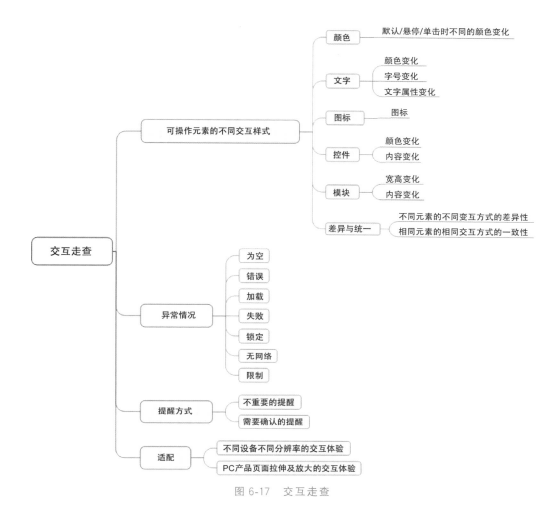

图 6-17　交互走查

（8）认真交付，友好沟通。走查的过程就是给开发人员挑毛病的过程，有时候修改意见非常多，不同的开发人员对待修改意见会有不同的态度。在视觉走查输出的修改意见里，只需要对客观结果和修改意见进行输出，即，将问题点截图并配以文字说明，将问题内容和修改的方法说明清楚，确保开发人员能够理解交付的内容。在跟开发人员进行沟通时，对不同的修改意见应进行友好讨论，在不影响项目进度的前提下，尽力完善产品体验。

（9）设计走查验收。在交付之后，需要对交付的内容进行验收，可以提前跟项目经理约好开发人员修改工作需要的时间，例如在提出修改意见后的两天内进行修改，第三天设计师进行验收，针对之前走查时提出的问题检查修改效果。验收时要对存在的问题进行汇总，对未修改的问题进行提醒，必要时需要监督开发人员的工作进度并及时跟项目组成员同步验收结果。

6.2　网站类型

按对象不同可以把网站类型分为 To C 端和 To B 端两种。To C 端面向用户和消费者，例如门户网站、企业网站、产品网站、电商网站、游戏网站、专题页面、视频网站、移动端

H5 等,均是面向用户和消费者的产品。由于面向用户和消费者,所以,这类网站以用户为中心体验进行设计。而 To B 端作为一个需求量很大的类别,往往被设计师所忽视。那么什么是 To B 端项目呢?比如电商网站供货商的后台、Dashboard、企业级 OA、网站统计后台等这些面向商家和专业人士的网站就是 To B 类网站。这类网站的要求和 To C 端网站的要求大相径庭:To B 类项目最重要的是效率而不是体验,因为 To B 端网站是使用者工作的工具,设计时必须首先保证操作者可以高效地完成工作。网站的类型如图 6-18 所示。

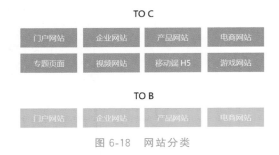

图 6-18　网站分类

6.2.1　门户网站

国内比较知名的门户网站有新浪、腾讯、网易、搜狐等。门户网站的内容大而全、包罗生活万象。比如腾讯网就有新闻、财经、视频、体育、娱乐、时尚、汽车、房产、科技、游戏等不同频道。门户网站需要的设计师数量很惊人。首先门户网站需要产品方向的界面设计师以迭代的方式维护迭代网站首页、二级页面、底层页等网站基石。然后需要各个频道的设计师处理日常需求,比如巴黎时装周,需要负责时尚频道的设计师来设计对应的专题;足球世界杯需要负责体育频道的设计师来设计对应的专题等。地球上的每一天都有大事发生,所以门户网站的设计工作非常多。另外,具体对接频道的设计师也需要非常了解该领域,比如对接体育频道的设计师应该熟悉足球、篮球等体育项目,时尚频道的设计师要懂得各品牌的设计风格,文化频道的设计师需要对传统文化有所涉猎。所以基本上门户网站的设计师可以分为产品组和频道组两类。门户网站举例如图 6-19 所示。

图 6-19　门户网站举例

6.2.2　企业网站

每个企业都需要有一个网站来对外展示自己的实力、介绍自己的产品等。在接触一个陌生的企业时，很多老百姓都会上网搜索一下其官方网站查看基本信息。企业网站已经是中小企业的标配。如图 6-20 所示。

企业网站通常包括网站首页、公司介绍、产品中心、公司团队、在线商城、联系我们等几个模块，展示很多诸如公司环境、团队成员、企业文化等实际的照片，设计时要配合一些资料进行。企业网站通常追求所谓"高端""大气""上档次"的风格，也是为了达到让消费者认同品牌的目的，所以如果接到企业网站的设计需求，可参考一些大品牌的企业网站的设计模式。

图 6-20　企业网站举例

6.2.3　产品网站

起步公司的"牛道云"介绍会让一种新鲜的产品营销模式被发现，这就是产品网站。如图 6-21 所示。这类网站的设计内容主要是产品的技术、应用、特点、使用场景等。为了让产品页有沉浸感，一般都是使用全屏布局，然后配合一些如视差滚动等的方式，让用户感觉到这个产品的极致精细。随着中国互联网和产品设计快速发展，产品类网站设计会越来越普遍。

图 6-21　产品网站举例

6.2.4　电商网站

电商设计师也属于网页设计师吗？是的。如果按照平台细分，无疑电商设计师所在的平台大部分属于网站。以淘宝、天猫为代表的电子商务发展得很快，以至于从内蒙古的牧民到海南岛的渔民，甚至日本、东南亚的商人都开始在中国电商平台上开店铺了。电商网站如图 6-22 所示。

店铺其实属于平台自身的页面，但是为了增强每个店的个性，平台为其开通了一些页面自定义的装饰功能，比如宝贝详情、店铺排版、banner 设计等。商铺有一定的权限在平台规定的范围内使用图片和一部分 css 样式代码来装饰自己的店铺，电商设计应运而生。虽然是带着镣铐跳舞，但确有很多店铺因为设计精良而带动了销量，所以电商设计师就变得非常重要了。

图 6-22　电商网站举例

6.2.5　游戏网站

游戏是一个巨大的产业，很多游戏公司收入的大部分都来自游戏产业。除了游戏内容需要制作精良之外，游戏官网也必须设计精美，因为每一个玩家都需要访问游戏官网才能完成下载、充值、社交等重要操作。国外游戏网站比如暴雪娱乐公司（https：//www.blizzard.com）的官网设计得极其精美，每个游戏的官网都是一个精品。比如魔兽世界、星际争霸 2 等游戏官网，头部都是视觉冲击力非常强烈的动画，如图 6-23 所示。同时，网站界面的元素都带有游戏的风格，仿佛登录这个网站你就在游戏之中了。

图 6-23　游戏网站举例

6.2.6　专题页面

不管是电商还是门户网站,在节日时都会需要设计师设计一些专题页面以增加曝光度,比如儿童节、情人节、国庆节、春节等节日往往会有促销、专题报道等各式活动。专题设计生命周期很短,因为过了特定的时期专题页面就无人问津了。所以在短的生命周期中怎么抓住用户的眼球呢? 以漂亮精美、有视觉张力的人物及卡通形象做视觉主体,加上有效衬托主题的场景元素做渲染背景,再结合活动的主题、操作详情等元素,方可达成体验上清晰便捷、视觉上有冲击力和感染力的页面。如图 6-24 所示。

图 6-24　专题页面举例

6.2.7　视频网站

视频网站的访问量较大,用户的黏着度更高。很多视频网站除了购买版权之外还有很多 UGC(User Generated Content)内容。UGC 是指用户产生的原创内容。Web 1.0 时代用户主要是单向浏览网站;Web 2.0 提出的 UGC 概念,即用户不仅会浏览,也会上传内容。那么视频网站为什么会火呢? 首先要感谢宽带的发展。现在,在国内只要点击视频就可以立刻播放了,而在几年前则需要等待几分钟。

视频网站的设计主要考虑应用场景。视频是用户主要观看的区域,所以首先视频区域要足够大;页面颜色应该以暗色为主,因为亮色会干扰到用户观看视频的效果;其他的区域图片比例都应为 16∶9,方便后期编辑在后台添加。如图 6-25 所示。视频网站的设计师同样也可以分为产品组和运营组两类,以处理产品方向和运营方向的不同需求。

图 6-25　视频网站举例

6.2.8　移动端 H5

手机中集合视频、动效、互动的营销形式称为 H5。H5 全称是 HTML5,是 Web 前端的开发语言,并不仅指移动端。其本质是运用网页技术运行在手机浏览器或内置浏览器内的网页。随着技术发展日新月异,H5 越来越有传播价值和分量。微信、浏览器等平台级产品在手机端的火爆,带动了移动端 H5 的广泛传播。如图 6-26 所示。

图 6-26　移动端 H5

6.2.9　后台网站

后台网站又叫 Dashborad,中文翻译为仪表盘。如果后台网站是 To B 类型,那么首要需求就是能快速地显示操作者需要掌握的数据。数据非常枯燥,可以使用诸如"折线图""饼状图""曲线图""表格"等不同方式展现这些烦琐的数据,这种使用图形表达数据的方式也叫作数据可视化。后台网站最注重的是效率。如果经常处理 To C 类的需求,接到了 To B 类的产品需求时一定要注意效率。后台网站因为需要更大的画面,通常会使用全屏式排版,也就是页面撑满整个画布。如图 6-27 所示。

图 6-27　后台网站

6.2.10　CRM 系统

CRM 即 customer relationship management,中文翻译为客户关系管理系统。如图 6-28 所示。CRM 是企业对客户进行信息化管理的一种形式,用互联网技术实现对客户信息的收集、管理、分析,以及对企业的销售、服务、售后进行监控。CRM 常见的功能有员工日程管理、订单管理、发票管理等。在设计这种项目时,一定要将信息按所属的逻辑关系分类,强调对比、对齐、重复、亲密性,使操作者在使用时感觉到便利。

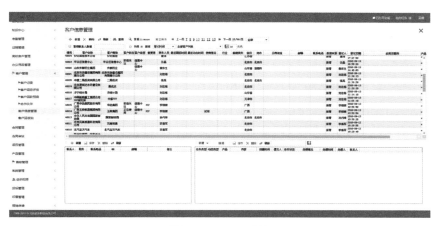

图 6-28　CRM 系统

6.2.11　SaaS 服务

如果为企业搭建 CRM、ERP 或者 OA 等系统,经常会听到 SaaS 这个词。SaaS 是 Software-as-a-Service 的简写,即软件就是服务。其他公司会来提供 SaaS 服务的公司定制系统,然后服务公司会为客户提供从服务器到设计一体化的服务。如图 6-29 所示。

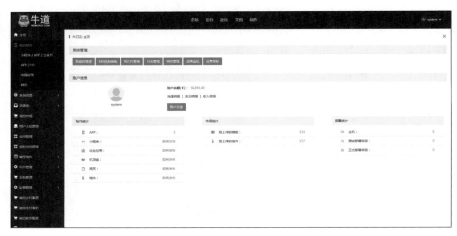

图 6-29　SaaS 系统

6.3　网站组成

网站是由不同网页通过超链接连接而成,不同网页由不同模块组成。由于所要设计的是一个像蜘蛛网一样的网络,而不是一张海报,所以,在设计网站时要从用户体验的角度出发,而不能孤立地把网站想象成一个平面作品。

6.3.1　首页

访问一个网站时最先接触的就是网站首页。首页的英文是 Index 或者 Default,是索引和目录的意思。在网站发展的前期阶段,网站并不是富媒体,而是类似于一本书,首页类似书籍的目录,需要查看哪个子网页点击链接即可进入。随着不断的发展,网站首页虽然仍然是引导用户进入不同区域的一个"目录",但这个目录除了导航功能外也要展示一部分内容让用户体验,展现的部分一定要有"更多"或"详情"按钮来指引用户进入二级页面。如图 6-30 所示。

6.3.2　二级页面

在逻辑上,首页是一级页面,从首页点击进入的页面均为二级页面。二级页面之后还有三级页面等级别。从点击的概率上来说,自然是越靠前访问量越高,页面层级越深越不容易被用户找到。一般网站只有三级页面,就是为了避免用户迷失。为此还会在页面中加入面包屑导航。面包屑导航就是在页面第一屏出现的诸如"首页→体育→NBA 频道"这样的超链接结构,以方便用户理解自己在哪里,同时可以通过点击进入其他页面。如图 6-31 所示。

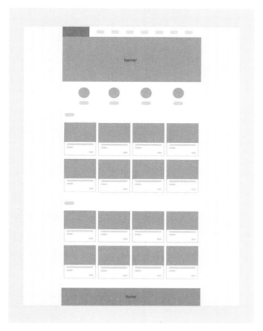

图 6-30　网站首页布局

图 6-31　网站产品页面布局

6.3.3　详情页

在网站结构中最后提供用户实质资讯的页面就是详情页。比如,我们在门户网站首页或二级页面中点击感兴趣的标题后,进入详情页才会看到全部的资讯。待用户阅读完详情页的信息后,可以继续在左侧或右侧的侧栏寻找其他可能感兴趣的相关内容,或在底侧查看网友的评论,底侧也会有分享、点赞等功能。如果侧栏用户转化率比较差,最底部还可以再次出现推荐相关资讯的功能。总之,在用户阅读完自己喜欢的资讯后,要继续吸引用户继续阅读其他的资讯或者返回频道。网站详情页面布局如图 6-32 所示。

6.3.4　广告

网站中常见的广告图的形式是 banner。banner 一般尺寸较大,在网站中非常显眼。如图 6-33 所示。

图 6-32　网站详情页面布局

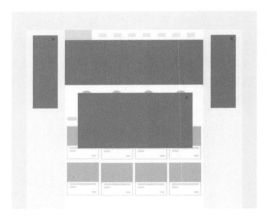

图 6-33·　广告形式

6.3.5　Footer 区域

在网站具体的页面设计中,底部会有一个称之为 footer 的区域。一般 footer 的颜色都会比上面的内容区域暗,因为 footer 的信息在逻辑的级别上是次要的。footer 区域的主要功能是展示版权声明、联系方式、友情链接、备案号等信息。在设计 footer 时一定要降级处理,不要让其变得特别明显。

6.4　技术原理

网页设计师在做项目之前必须了解网页背后的技术原理,技术决定了哪些设计和交互是可以实现的、哪些是不可以实现的。同时技术原理也决定了设计师应如何配合前端工程师完成一些复杂的交互。曾经,前端工程师和网页设计师是一个岗位,叫作网页美工。随着分工越来越细致,产生了网页设计师和前端工程师两个工种,但是网页设计师不可以脱离技术局限而随心所欲进行设计。

6.4.1　基于鼠标的交互

在不久的未来,个人计算机可能通过多点触控、语音交互等方式与我们交互,但目前网站设计最主流的交互方式还是鼠标和键盘。下面就来看看鼠标有什么结构吧! 通常对鼠标的操作无外乎左击、双击、右击、移动四种方式,如图 6-34 所示。人们在页面中的大部分操

左击　　　　双击　　　　右击　　　　移动

图 6-34　人机交互

作都是通过鼠标左键点击完成的,所以网页也是点击的艺术。点击右键一般会唤醒右键菜单,但是很多网站与网页应用程序也会为右键自定义设计一些操作和交互。与鼠标发生交互的主要是超链接与按钮。超链接的四个状态如图 6-35 所示。

图 6-35　超链接的四个状态

6.4.2　静态网页

静态网页是标准的 HTML(标准通用标记语言的子集)文件,它的文件扩展名是.htm 或.html,可以包含文本、图像、声音、Flash 动画、客户端脚本和 ActiveX 控件及 Java 小程序等,也可以出现各种视觉动态效果,如 GIF 动画、滚动字幕。静态网页的特点是不包含在服务器端运行的任何脚本,网页上的每一行代码都是由网页设计开发人员预先编写好后,放置到 Web 服务器上的,在发送到客户端的浏览器上后不再发生任何变化,因此称其为静态网页。

静态网站是指网站内各个页面都是由纯粹的 HTML 代码格式页面组成的网站,即网站内的各个页面均是静态网页,所有的内容都包含在网页文件中。静态网站主要由静态化的页面和代码组成,一般文件拓展名为.htm、.html、.shtml。静态网站模拟代码编译过程如图 6-36 所示。

图 6-36　静态网站模拟代码编译过程

6.4.3　前端开发语言

有了 HTML 这个骨架,添加图片和多媒体后,网站的发展速度就更快了。但是服务器的损耗也越来越大,所有用户都需要重复地在服务器上下载代码和图片等资源进行"握手",而且很多 HTML 代码都是重复的,这都造成了资源的浪费。比如,如果网站的头部都是黄色的、链接都是蓝色的,那么每个页面都会重复出现这几句代码。这个问题没多久就被一种崭新的代码解决了,那就是CSS技术。CSS是层叠样式表的意思,可以理解为把网站的样式(颜色、大小、位置等)、内容(文字、图片、链接等)和HTML完全分开,并且一个网站可以只下载一份CSS,然后不同页面都调取这份CSS的缓存,这样就节省了服务器资源。另外,由于网站需要一些交互效果,比如点击特效和菜单特效等,所以需要前端工程师使用JavaScript代码来配合。JavaScript是一种比较短小精悍的语言,用它构建一些基于浏览器的特效非常顺手。所以目前主流的网站配置是HTML5+CSS3+JS代码的组合,当然为了兼容低端浏览器也可能使用HTML4+CSS+JS的套餐,这取决于主要目标用户群在使用什么样的浏览器。当然,并不是必须学习HTML、CSS、JS代码然后才能进行前端开发,在互联网公司有专业的前端工程师,了解前端工程师的职能可以更好地协同工作。几种主流前端开发语言如图6-37所示。

图6-37　主流前端开发语言

6.4.4　动态网页

了解完静态网页还不够,现在让我们谈谈网站如何动起来。动态网页不是说它有狂拽酷炫的动画,而是会随着时间、内容和数据库的调用而产生动态的内容。比如今天在新闻网站上看到的新闻和昨天的肯定不一样,但网站首页的HTML代码并不需要手工修改,而是通过后台录入新闻、上传图片就可以了。上传后台的过程就会输入数据库,而动态网页又是调取数据库内容显示给用户的一种形式。动态网页会随时调取数据库中的信息给用户,但对用户来说似乎静态网页和动态网页外观都是一样的,那么最简单的判断方式是看网址结尾,静态网页结尾是html或htm,而动态网页由于使用了高级网页编程技术,结尾则是ASP、PHP、JSP等。ASP、PHP、JSP、ASPX、CGI都是动态网页的语言,当然有的时候为了提升网站效率也会使用伪静态结构,这时网址结尾和静态网页就一致了,但实际上仍会在用户访问前调取一遍数据库。同时动态网页的网址会有一个特点,含有"?"符号。动态语言目前最流行的是PHP;比较少见的是ASP、CGI;最安全的是JSP,所以很多银行采用JSP编译。主流后台编译语言如图6-38所示。

ASP　PHP　JSP　CGI

图6-38　主流后台编译语言

6.4.5　雪碧图

网站动画实现原理一般有如下几种。

第一,HTML5视频播放。缺点是不兼容低端浏览器。

第二,Flash Player播放器播放。缺点是安全性较低而且效率慢。

第三,动画使用GIF格式。这种方式的问题是动画长度不够,并且仅支持透明和不透明两种属性。

那么像Google首页"Google"的动画是怎么实现的呢?这种技术叫作雪碧图。CSS雪碧即CSS Sprite,也有人叫CSS精灵,它是一种CSS图像合并技术。它本身调用的图片支持多级透明的PNG格式,然后把动画并排排列出来。比如一个卡通人物的动画每帧宽度是100px,把它的动作1、动作2、动作3、动作4……并排放在一张宽度是400px的PNG图片里,然后使用代码在一个 100px 宽度内的背景图调用这张 PNG 图片,就可以看到动作 1,然后过一秒钟代码会悄悄移动 100px,就看到了动作 2。由于速度很快所以感觉看到了连续动画。雪碧图自身的缺点是如果帧数太多,会消耗很大的内存,所以帧数一定要控制得尽量少。如果动作设计了 12 帧,那么建议将动作 2、动作 4、动作 6、动作 8、动作 10 删除,只保留一半会得到更好的效果。雪碧图如图 6-39 所示。

图 6-39　雪碧图

6.4.6　视差滚动

视差滚动是一种运动速率不一样的设计效果,用于实现空间感。比如密尔沃基警察局官网就大量运用了视差滚动效果。其实现原理是,代码判定网页滚动,滚动时页面中三层图片运动速率和位移距离不同,从而给人造成的视觉体验仿佛是在物理现实中看到的空间感一样。视差滚动已经不是什么高新技术了,如果设计的网站比较适合视差滚动,可与前端工程师进行沟通,相信前端工程师可以满足你的要求,而你需要准备的就是运动速率不同的分层静态 PSD 文件。视差滚动效果图如图 6-40 所示。

图 6-40　视差滚动设计案例

6.5　网页设计规范

网页设计的规范是设计师工作的参考依据。注意:在设计之前一定要和前端工程师沟通使用的尺寸、字体、交互等,这样有助于减少误差。

6.5.1　画板尺寸

因为网页尺寸与用户屏幕相关，而用户屏幕的种类难以统计，所以设计稿只能顾及主流用户的分辨率，其他分辨率用适配的方式解决。最新版 Photoshop 网站的 Web 预设尺寸给了我们一些启示：常见尺寸（1366×768px）、大网页（1920×1080px）、最小尺寸（1024×768px）、Macbook Pro13（2560×1600px）、MacBook Pro15（2880×1800px）、iMac 27（2560×1440px）等。以上是主流尺寸，做网站时建议按主流的分辨率 1920×1080px 进行设计，因此通常设计网站宽度为 1920px，每个屏幕的高度约为 900px。为什么是 900px 呢？因为 1080 还要减去浏览器头部和底部高度，剩下大约就是 900px 了。内容安全区域为 1200px（或 1000px/1400px）。网站的尺寸规范如图 6-41 所示。当然在设计网页前需要告诉前端工程师设计尺寸，这样可以在适配的方式以及后续合作方面更有发言权。

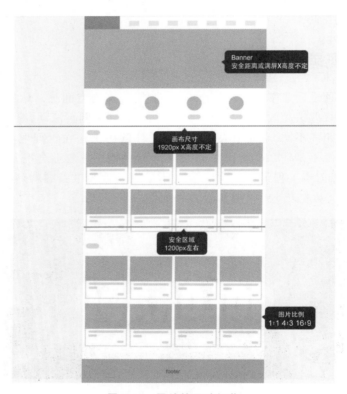

图 6-41　网站的尺寸规范

6.5.2　文字规范

网站上的文字是通过前端工程师重新写入代码里的。在浏览器上的渲染与系统和浏览器有关，比如在苹果系统和在 Windows 系统上看到的文字效果就有所不同——苹果系统会对文字进行渲染，而 Windows 系统的文字几乎充满了像素颗粒。按照用户占比来说，无疑 Windows 系统是主流用户，所以尽管可能使用的是苹果系统设计网页，但是设计出来的网页效果也应该和 Windows 系统显示一致,否则即使完成了漂亮的设计稿,但程序员无法还原成设计的样子。另外,字号的大小也非常重要。网页的显示区域决定了文字不可以过大,在网站设计中文字大小一般采用 12～20px。为什么不能比 12px 更小? 因为比 12px 更小的中文无法放下复杂的笔画。另外,奇数的文字表现和适配效果不好,也就是说,应尽量使用偶数字号进行设计。总结一下:文字使用宋体、大小为 12px、渲染方式选择无。稍大一些的字体使用微软雅黑、大小为 14～20px、渲染方式选择 Windows LCD 或锐利。另外,英文和数字需使用 Arial 字体、渲染方式选择无。如图 6-42 所示。

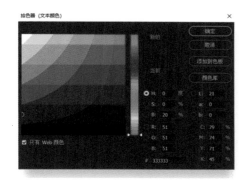

图 6-42　网站字体规范

6.5.3　图片规范

网站设计中的图片常用 4(宽):3(高)、16(宽):9(高)、1:1 等比例。具体图片大小没有固定要求,但尺寸以整数和偶数为佳,这主要是考虑适配的问题。作为内容出现的图片一定要有介绍信息和排序信息。图片的格式有很多,比如支持多级透明的 PNG 格式、图片文件很小的 JPG 格式、支持透明或不透明并且支持动画的 GIF 格式等。在保证图像清晰度的情况下文件越小越好,那么如何让网页使用的图片更小呢?

第一种方法,给程序员切图的时候可以适当缩小图片文件的大小。比如 Photoshop 中存储为 Web 所用空间就会比快速存储文件更小。

第二种方法,可以尝试使用例如 Tinypng、智图等工具再次压缩图片。这些工具会删除图片中的多余信息并且压缩图片,而图像质量不受损失。

第三种方法,Google 研发了一种 Webp 格式,它的图片压缩体积大约只有 JPEG 的 2/3,能节省大量的服务器宽带资源。比如 Facebook、Ebay 还有设计师常用的站酷等网站的图片都是使用了 Webp 图片格式存储。

第四种方法,假设浏览器和服务器"握手"时需要下载网页所调用的图片资源,那么如果一个网站有一百张图片,浏览器和服务器就得握一百次,一是会耗费服务器资源,二是降低访问速度。所以前端工程师们有一种做法,就是把网页中所使用的图片拼成一大张 PNG 图片,然后让每个调用图片的元素都调用这张图片,再分别进行位移,使显示的区域移动到这一大张图片中所需要的那个图像位置。图 6-43 所示的是在线压缩工具 Tinypng 网站首页。

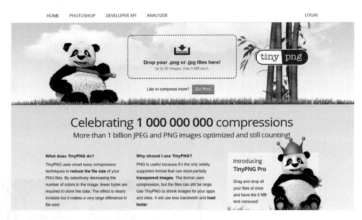

图 6-43　在线压缩工具 Tinypng 网站

6.5.4　按钮

按钮是网页最重要的组成元素之一,是用户和网站进行交互的重要桥梁。要设计出优秀的按钮需要从整体设计的角度出发,考虑按钮设计风格和页面其他元素融合,保持界面风格的一致性。

1. 按钮效果

按钮样式如图 6-44 所示。

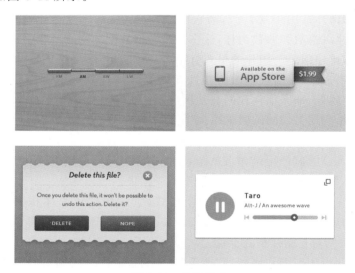

图 6-44　按钮样式

2. 按钮风格时间线

通过 Dribbble 可以看到过去八年按钮设计的趋势和变化。按钮风格时间线如图 6-45 所示。

图 6-45　按钮风格时间线

3. 按钮设计的基本准则

按钮是交互设计的基本元素,是用户和系统进行沟通交流的核心组件,也是图形化界面中最常见的一种交互方式。因此,为了使设计准确和有效,须遵循按钮设计的基本原则。

(1) 使按钮具象化。涉及用户界面交互的时候,用户需要知道哪些是可点击的,哪些不可以。对 UI 界面中的每个元素,用户都需要进行辨别和判断,而这个过程越长,可用性就越差。作为设计师应尽量通过形状、色彩、大小等引导用户。用户熟悉的设计,才是最好的设计。按钮样式如图 6-46 所示。

图 6-46　按钮样式举例

（2）将按钮放在突出的位置。对于页面交互，用户有基本的感知和期望，也就是说用户对于按钮的位置有着基本的认知。设计师应观察可视化用户流，全面了解用户整体行为路径，不要让用户在页面中到处找按钮，而是要让按钮在用户所期望的位置出现。

（3）明确按钮的功能性。当按钮文本标签上的内容描述过于宽泛，或者带有误解的内容时，用户就会感到迷惑。每个标签上的文本标签应该设计得尽量准确，简明扼要地介绍它的真实功能。用户应该清楚点击按钮之后，会得到什么反馈。举个简单的例子，想象一下，你不小心触发了一个删除按钮，现在在你看到如图 6-47 所示的报错信息。

在对话框中，"OK"是一个模糊的表述，并没有说明按钮的作用。不论是"确定"还是"取消"，都没有描述操作的真实含义。尤其"删除"这种存在潜在危险的操作，就更加需要精准的表述。所以，此处两个按钮应该是"删除"和"取消"更合适，而"删除"应该用红色进行区分标识，让用户意识到操作的重要性或者功能性。修改后如图 6-48 所示。

图 6-47　按钮提示功能 1

图 6-48　按钮提示功能效果 2

（4）调整按钮的大小。按钮的大小反映出屏幕上这一元素的优先级，更大的按钮意味着更重要的交互。设计师要不断尝试让主要的按钮更加突出以增加视觉重量，并且使用高对比度的色彩来吸引用户的注意力。如图 6-49 所示。

（5）注意按钮的顺序。按钮的顺序能够反映出用户和界面之间交互的属性，问问自己用户期望在屏幕上看到怎样的顺序，或者说什么样的顺序更合理？然后再进行相应的设计。举个例子，比如"上一步""下一步"两个按钮应该如何放置呢？通常而言，"上一步"是回卷操作，应该在左边，而"下一步"则是前进操作，应该在右边。如图 6-50 所示。

图 6-49　按钮优先级举例　　　　　　　　　图 6-50　按钮的顺序举例

（6）避免频繁使用按钮。当提供太多选择时，用户往往会无所适从。无论是设计网站还是 App，请务必考虑重要的操作，控制好优先级和复杂度。

（7）为按钮交互提供视觉和音频反馈。点击按钮时，用户往往希望界面能够给予适当的反馈。基于不同的操作，界面可以给予视觉或者声音反馈。否则，当用户没有收到任何反馈时，可能会反复点击，产生误操作。

人机界面通过交互获得反馈，反馈可以是视觉的，也可以是听觉的，这些反馈会告诉用户发生了什么。视觉反馈如图 6-51 所示。

对于某些操作，比如下载，不仅要告诉用户操作执行成功了，还要反馈当前的进度。如图 6-52 所示。

图 6-51　视觉反馈举例

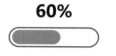

图 6-52　进度反馈举例

6.5.5　表单

在网站设计中,经常需要使用一些输入框、下拉菜单、单选框、复选框等,这些都是系统级的控件。直接调用系统级的控件不符合网站整体设计要求,但可根据整体风格重新设计表单外观,也可通过 CSS 样式重新定义表单元素。表单元素如图 6-53 所示。

图 6-53　表单元素

1. 表单解析

合理组织表单元素有助于用户轻松完成表单的填写。如图 6-54 所示。

"牛道云"创建账户表单解析如下。

标题:引导用户完成表单填写的整个过程。

标签:告诉用户在特定的输入区域期望他们填写什么内容。

占位符:对标签进行额外的信息描述。

错误信息提示:反馈用户错误。

动作按钮:在表单的结尾有一个确认提交的动作控件。

2. 表单状态

表单具有默认态、焦点态和反馈态三种状态。默认态即用户输入信息之前的状态,该状态告知用户需要填写什么类型的信息;焦点态即用户正在输入信息时的状态,该状态使用户聚焦输入信息时,能够更好地与表单交互并完成信息的填写;反馈态即用户填写信息后的校验状态,该状态能够对输入信息进行实时判断。如图 6-55 所示。

图 6-54　表单元素解析举例

图 6-55　表单状态

3. 表单设计布局

常见表单是由多个列表项构成的,每个列表项都有最基本的标签(标题)和输入框。标签根据所处的位置可以分为:左标签、顶部标签和行内标签。

(1)左标签。目前左标签是最常见的一种标签样式,但使用左标签可能导致右侧输入框无法展示完整的信息。如图 6-56 所示。

注意:在使用左标签时要防止用户输入的信息无法完全展示,避免造成未操作流程的中断。

(2)顶部标签。顶部标签是指标签位于输入框上方,这样输入框就可以独占整个页面,信息可以得到更完全的展示。与左标签相比,顶部标签可以给输入框留出足够的空间。如图 6-57 所示。

图 6-56　左标签样式　　　　　图 6-57　顶部标签样式

顶部标签标布局方式也有自身的缺点,即之前一屏就可以展示的内容,现在需要滚屏才可以完全展示。

(3)行内标签。如图 6-58 所示。行内标签的样式看起来很适合手机端的表单设计,可以极大地节省页面空间。但是用户点击切换到输入状态以后就无法看到标签,当表单项目过多时,容易导致已填写的项目遗忘或串行,且无法检查填写的错误。

为了解决这个问题,可在行内标签前加一个图标来标识每个列表项,图标所占据的空间不会太大,而且会增加页面的美观性。如图 6-59 所示。

姓名	👤 请输入你的名字
邮箱地址	✉ 请输入邮箱地址
手机号码	📱 请输入手机号码
家庭住址	🏠 请输入家庭住址
毕业院校	🏫 请输入毕业院校
专业	🎓 请输入毕业院校
兴趣爱好	❤ 请输入日常兴趣爱好

图 6-58　行内标签样式　　　　图 6-59　带图标的行内标签样式

4. 提升用户信息录入效率

好的用户体验应该尽可能的简化操作步骤。传统的手动输入模式费时费力,影响用户体验,可以利用控件给用户减负。

控件的应用可以帮助用户进行信息的快速录入。一般来说,表单中的控件有下拉列表、switch 开关、单选按钮、多选按钮、滑块等。

(1) 滑块。滑块适用于精确度不是很高的数据录入,例如要预定一个房间,其中需要输入期望的最低价格和最高价格,这时可以使用滑块代替传统的手动输入。如图 6-60 所示。

(2) 使用智能化的默认值设定。手动输入对于用户而言,是一项高交互成本的操作,不论是使用键盘或触摸屏都是如此。操作过程耗时较长,容易出错。为了减少用户输入错误,可以使用智能化的默认值设置策略。下面的示例能够清晰的说明如何更加智能地设置默认值,以降低用户的出错率,提升生产效率。

基于用户的地理位置信息,预先为用户填充国家的选项。

如果能够精准地判断用户所在地为北京,那么可以判定用户在国家一栏中大概率会填写北京。如图 6-61 所示。

图 6-60　滑块效果

图 6-61　智能化的默认值设定举例 1

尽可能地让界面帮助用户计算出更多的有效信息。比如在图 6-62 中,程序为用户按照美元进行结算,之后将费用换算成为欧元,确保不同国家地区的用户能够对费用有更加清晰的概念。

对于需要用户注意的选项,千万不要预先填充默认值。如图 6-63 所示。

图 6-62　智能化的默认值
设定举例 2

图 6-63　不要预先填充默认值的情况举例

注：需要用户集中注意力处理的内容和选择，不要预先帮用户填写或选择，比如注册订阅新闻稿和是否接受相应的条款。

（3）表单的自动完成功能。在编写表单结构时，如果多次在 input（文本框）中输入提交，那么在下次输入时，浏览器就会预测对字段的输入并给出提示。自动完成功能也可以用来降低用户的操作负担。如图 6-64 所示。

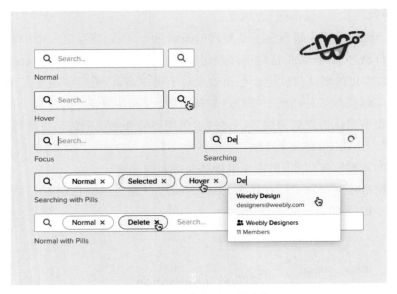

图 6-64　表单自动完成功能

5. 用户也会犯错

理想状态下，用户填写完表单，点击提交按钮，系统显示提交成功。现实情况是在填写过程中经常会发生错误，所以应能生成用户错误信息。如图 6-65 所示。

图中逐行报错的提示信息位于填写错误项目的下方或者右侧。此外逐行报错会一直存在，直到用户完成修改。

6. 表单设计的关键点

（1）理解表单，知道每个元素的作用。

（2）表单是传递信息的桥梁，要和用户进行平等的交流，而不是把用户当成信息收集的工具。

（3）掌握表单设计制作的保留、删除、解释、延时。

图 6-65　表单的错误信息提示

6.6　网页栅格设计原理和技巧

在网页设计里,需要在视觉上表现出统一性,让页面更加专业化和系统化。栅格设计系统可辅助设计师制定网页设计的规则。

6.6.1　网页栅格系统的必要性

(1) 专业。制定一套页面的基础规则,可以保持整体设计的一致性、专业性,还可以避免无效的设计尝试,使设计师专注于有意义的设计方向。

(2) 高效。遵循栅格系统的设计细节,无论是元素、模块或页面,都有规律可循,从而减少设计决策的时间,减少外部沟通损耗,提升工作效率。

(3) 布局基础。栅格系统的应用可以作为响应式网页布局的基础。

下面通过实例介绍网页栅格系统的原理与应用。

6.6.2　栅格系统的基础概念

1. 网格：栅格系统的最小原子单位

栅格是由一系列规律的小网格组成的网格系统,网格构成页面的最小单位。在网页设计中经常使用"8"作为栅格的最小单位划分网格、规范页面秩序。常见的栅格系统有 Ant Design、Matierial Design 等。如图 6-66 所示。

网格划分的好处有以下两个方面。

(1) 偶数思维:以 8 为基础倍数,元素大小可以被大多数浏览器识别并整除,最大程度避免出现半像素的情况。半像素情况如图 6-67 所示。

图 6-66　栅格

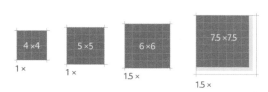

图 6-67　半像素

(2) 规律性:所有元素以 8 像素为步进单位,元素大小、间距有规律可循。如图 6-68 所示。

为什么不是 6、10 或者其他? 原因主要

图 6-68　元素的规律性

有 3 点。①以 8 为步进单位,进度合适,既不显得过于琐碎,也不会因为间隔太大而显得内容分散;②众多开源代码都以 8 的倍数作为默认设计大小;③已被多次论证,8 点栅格甚至已经形成了一套理论。

凡事没有绝对,如果做固定结构的网页布局,不考虑响应式网页设计,也可以自行根据实际情况以偶数作为最小单位来设计网格。

2. 列和槽(Column+Gutter)

图 6-69 解释了列和槽的概念。

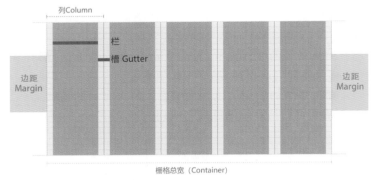

图 6-69　列＋槽

(1) 列(Column):列是栅格的数量单位,通常设定栅格数量说的就是列的数量,比如 12 栅格就有 12 个列、24 栅格就有 24 个列。通过设定列的内边距(padding)来定制槽(Gutter)的大小,剩余的部分称为栏。

(2) 槽(Gutter):页面内容的间距,槽的数值越大,页面留白越多,视觉效果越松散;反之,页面越紧凑。槽通常设为定值。

3. 栅格宽度(Container)

栅格宽度是页面栅格系统的总宽度。

4. 边距(Margin)

栅格外边距与屏宽保持一定的安全距离。

注意:通常把栅格的列看作是“栏＋槽”的宽度,12 栅格即是指 12 列。有一些观点对栏和槽的理解如图 6-70(a)所示。从开发角度来说,图 6-70(b)才是前端理解的栅格。我们用栅格来制定页面视觉规则,同时也要理解开发怎样实现栅格,才能在工作中减少不必要的沟通误区。

5. 盒子/区域

建立好基础栅格之后,一个内容通常会占用几个栏和列的宽度,我们把这个区域理解为内容盒子,也叫区域,用于承载一个区域的内容。如图 6-71 所示。

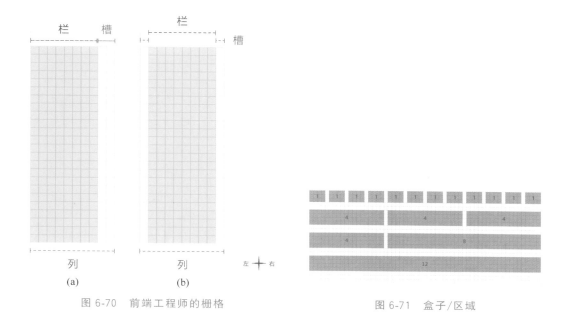

图 6-70　前端工程师的栅格

图 6-71　盒子/区域

6. 行

栅格系统的横向网格与纵向网格的列成垂直状态，列和行交叉的区域形成页面的内容区。由于目前网页多采用瀑布流形式，上下滑动区域变得不受限制，随意性很高，本文忽略这一部分。

6.6.3　怎样建立网页栅格

（1）确定屏幕尺寸和安全范围

网页的布局通常有两种形式：左右布局（如图 6-72 所示）与上下布局（如图 6-73 所示）。左右布局的页面左侧是固定的导航，右侧是内容区域（栅格区域）；上下布局的页面，栅格区域位于中部，大小较为灵活。

图 6-72　左右布局网页的栅格区域

图 6-73　上下布局网页的栅格区域

（2）确定关键数据：列的数量、水槽的宽度

常见的栅格系统通常被划分为 12 栅格或 24 栅格。我们需要根据自己的项目确定栅格的划分数量，划分的格子越多，承载的内容越精细，如图 6-74 所示。

通常，信息繁杂的后台系统常用 24 栅格，而一些商业网站、门户网站采用 12 栅格。

栅格不是划分得越细越好，24 栅格虽然精细，但也容易显得琐碎，内容排布的规则太多，就相当于没有规则。有的项目根据实际情况划分成 16 栅格、20 栅格也是可以的。

当开始着手做一个项目时，首先应考虑在多大的尺寸范围内进行设计，也就是确定栅格区域的宽度范围。

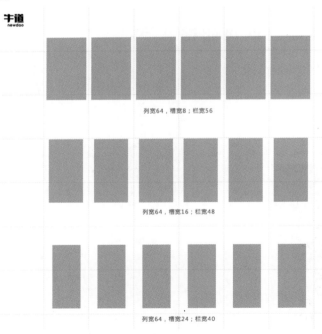

图 6-74　常见的栅格系统

注：槽的数值越大，页面留白越多。

需要注意的是槽的区域不可以放置内容。通常会给槽设定一个定值，用来确定栏的大小。

假设内容区宽度为 W，列宽为 C，列数为 n，槽为定宽 G。可以得出：$W=C\times n$。由于槽不可以放置内容，那么可见内容区为 $W=C\times n-G$。

例如，为一个屏宽 1440 的项目划分栅格。首先确定内容区宽度为 1440，24 列，槽为定值 16；那么可以得出列为 60，栏为 48。如图 6-75 所示。

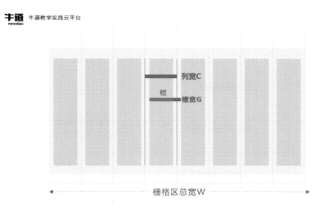

图 6-75　栅格区域总宽（W）示意 1

内容区应从水槽开始到水槽结束。如图 6-76 所示。

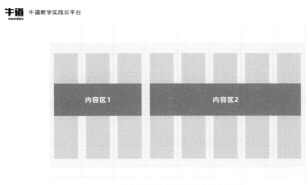

图 6-76　栅格区域总宽（W）示意 2

注：sketch 栅格工具只适用于 macOS 系统。

目前，很多软件提供自动栅格设置功能，sketch 也提供这样的功能，如 Layout Settings。

- Total Width：相当于 Container，是内容区的宽度。
- Offset：表示栅格的偏移量，即栅格从哪里开始。
- Number of Columns：表示栅格的数量。
- Gutter on outside：勾选以后栅格的设置才跟前端的栅格算法匹配。

- Gutter Width：槽的值，通常是定值，控制页面留白间隙。
- Column Width：列的值（栏＋槽），也就是栅格单个内容区的宽度。

6.7 利用栅格系统实现响应式设计

那么如何利用栅格系统完成后台页面的响应式设计呢？下面介绍响应式设计的思路与方法。

图 6-77 介绍了栅格化与响应式的知识概况。

图 6-77 栅格化与响应式知识概况

6.7.1 什么是响应式

响应式就是系统做出反馈所依据的方案与策略。对于一个 Web 页面，外部的变化是指媒介（Media）与视窗（Viewport）的变化。媒介是指 Web 页面运行设备（手机、平板电脑、PC、Mac 等）的屏幕；视窗指浏览器用来显示网页内容的窗口，即浏览器去掉标签栏、地址栏、工具栏之后显示内容的窗口大小。响应的结果在视觉上表现为页面在不同媒介、不同视窗下会有不同的布局结构、版式设计以及不同数量信息的展示。如图 6-78 所示。

通过合理的设计方案配合规范的技术实现策略，使同一个 Web 页面在不同分辨率的终端（设备）屏幕上都能有最佳的用户体验。

图 6-78　栅格化与响应式

6.7.2　响应式的目的

响应式的目的是提高屏幕利用率,最简单的理解就是在大屏幕上显示更多内容,在小屏幕上通过数据筛选展示关键信息。目前社会上普遍认为移动端碎片化严重,实际上桌面端设备的分辨率分布也不均匀,而随着设备的更新,更多高分辨率屏幕不断加入,这种碎片化的趋势会更加明显。因此要想利用好每一块屏幕,让使用不同分辨率屏幕的用户都有好的体验,显然需要突破传统固定的布局。如图 6-79 所示。

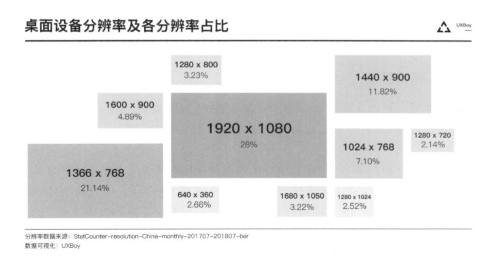

图 6-79　桌面设备分辨率所占比例

6.7.3　为何利用栅格系统进行响应式设计

响应式设计可以响应的前提有两点:①页面布局具有规律性;②元素宽高可用百分比代替固定数值。这两点也是栅格系统本身就具有的典型特点,因此利用栅格系统进行响应式的设计顺理成章,也比较高效快捷。

栅格系统页面布局有规律性,且元素宽高可用百分比表示。如图 6-80 所示。

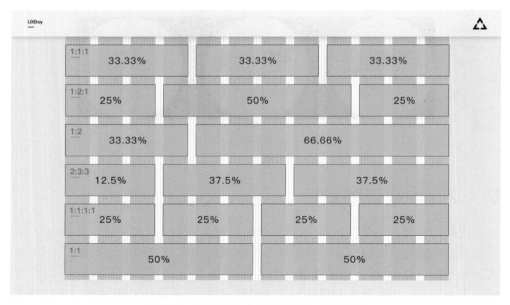

图 6-80　栅格系统在响应式设计中的应用

6.7.4　利用栅格系统实现响应式设计的步骤

1. 确立设计稿基准尺寸

设计稿基准尺寸是指从哪一个分辨率开始设计,也就是新建画板时画板的尺寸。这个尺寸确定的主要依据,是后台系统所面向的主要用户的屏幕分辨率。下面分两种情况来讨论这个问题。

如果系统是给公司内部员工使用,由于公司批量采购设备的原因,公司内部员工的屏幕分辨率往往会比较统一,这种情况下只需要拿到这个数据,然后以它作为基准尺寸开始设计即可。因为虽然响应式设计的目标是让页面在每个分辨率下都有最佳的体验,但实际开发中毕竟存在损坏,设计很难 100% 还原,因此大多数情况下还是基于基准尺寸的设计与开发,以求在用户端显示效果最佳、体验最好。

如果系统是平台级面向全网用户,或者虽然是公司内部使用,但是并不能统计到内部员工屏幕分辨率情况,那么以 1440×900 作为基准尺寸开始设计。从统计数据来看,目前国内 PC 端用户屏幕分辨率排名前三的分别是 1920×1080、1366×768、1400×900。1440 的尺寸实际上是处于中间位置,如果以它为基准设计,最终向上向下响应适配后,相对误差最小,从而可达到用户体验的最大公约数。如图 6-81 所示。

2. 确定页面布局结构

页面的布局结构是页面基本框架,后续的设计都是在这个大的框架下完成的。所以确定页面基准设计尺寸后,需要跟交互设计师或产品经理配合,根据实际业务情况讨论确定页面布局结构。一般来讲,后台系统有两种最典型的页面布局结构:上下布局与左右布局。

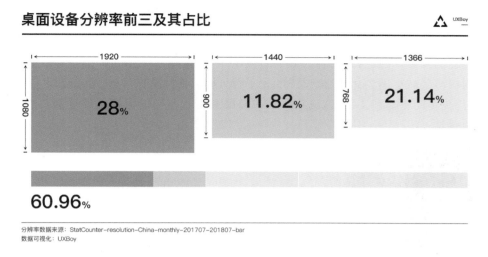

图 6-81　桌面设备分辨率所占比例

　　上下布局的结构在传统网页中非常常见(如图 6-82 所示),而在后台系统中并不常用。这种布局的优点是符合用户认知,遵循用户从上而下浏览页面获取信息的习惯,贯穿全屏的导航栏设计也使页面显得正式稳重,除却导航栏之后相对较大的空间也为内容展示提供了比较充足的空间。缺点是顶部一级导航受页面宽度限制,数量会比较局限,同时导航层级较深时,交互效率也不够理想。所以该布局适合导航层级较少、内容展示充分的后台系统设计。

图 6-82　上下布局

　　拥有侧边导航的左右布局页面结构(如图 6-83 所示),是在后台系统中更常见的页面布局形式。侧边导航栏可以固定也可以收起,相对比较灵活,同时文字横向排列的形式可以在竖向上展示更多内容。因此侧边导航比顶部导航能容纳更多一级内容,而层叠式的内容展示也使得一、二、三级导航内容关联更为顺畅,可扩展性也得到加强。由于侧边栏可以常驻在页面左侧,所以对于右侧内容的指示性也优于顶部导航,切换起来也更加方便。但同时,因为侧边栏的常驻,导致右侧内容区域空间被压缩,所以相对上下布局的结构而言,左右布局的结构内容区域空间会比较小。另外,为了与页面其他区域做区分,导航部分会用更深的颜色、安排更多的图标和文字,这也导致了在视觉上左右布局的页面不够平衡,会有左边重右边轻的感觉。

图 6-83　左右布局

3. 对内容区域建立栅格系统

根据不同的布局类型,对页面内容区域建立栅格系统。对于一个利用栅格系统做响应式设计的页面来讲,主要有三大数值需要规范:Column、Gutter、Margin。Column 和 Gutter,在本章内容的"6.6.2 栅格系统的基础概念"中已经有了很详细的介绍,此处不再赘述。Margin 是页边距,主要确定了内容区域距离页面边缘的距离,它分布在内容区域的两侧,主要作用是通过留白把内容区域与周围环境隔离出来,从而突出内容区域的显示。此外还可通过 Margin 值来调整内容区域显示比例,使页面在视觉上有更好的呈现效果。所以一个用于响应式的栅格系统事实上由 Columns、Gutters、Margins 三部分组成,图 6-84 和图 6-85 介绍了这三个元素的概念。

4. 根据实际业务内容确定盒子(Box)比例

图 6-86 和图 6-87 介绍了上下布局跟左右布局两种页面布局策略下的盒子(Box)比例的变化规律。

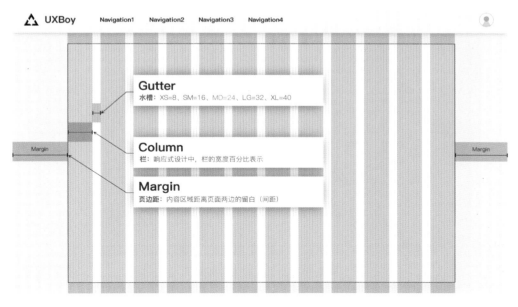

图 6-84　上下布局结构与其对应的栅格系统

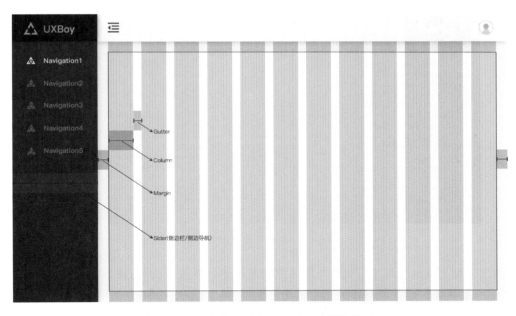

图 6-85　左右布局结构与其对应的栅格系统

5. 确定响应策略

响应策略就是当视窗（Viewport）发生变化时，内容区域的元素如何去响应，具体到当前的栅格系统，就是 Columns、Gutters、Margins 以及由 Columns 跟 Gutter 组成的盒子（Box）四者的值（主要是宽度）如何变化，以及在这种变化之下页面的布局应如何调整。

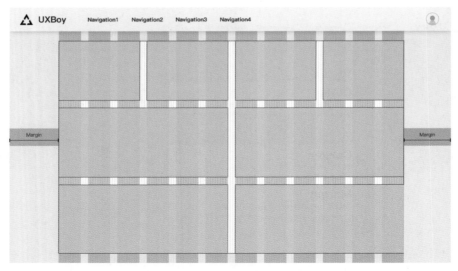

图 6-86　上下布局结构的盒子

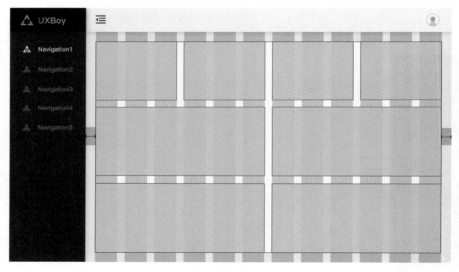

图 6-87　左右布局结构的盒子

　　为了方便直观地与开发工程师与团队里的其他小伙伴进行沟通，可以把这个响应策略制作完成，并在页面中标注说明相关元素的变化规律。如图 6-88 所示。

　　由于带左侧导航的响应式规则相对复杂，所以先以此为例介绍响应策略应如何制定。

　　响应式是以视窗的最小宽度作为基本依据来制定每种宽度下 Columns、Gutters 与 Margins 的响应策略。也就是说，Viewport Min-width 是做出响应的触发条件，视窗每达到一个最小宽度，就会触发该宽度下预设的页面布局方式，而每种布局都是在该宽度下的最佳布局，所以，响应式才会在各种复杂分辨率条件下都能给用户比较好的体验。

　　每个视窗宽度的最小值是触发响应的关键值，我们给这些用于触发的关键值起了个名字叫 Breakpoint，每个 Breakpoint 触发一种响应策略，而每个策略持续（保持）的宽度范围就

视窗变化与Column、Gutter、Margin响应策略表–左右布局　　　UXBoy

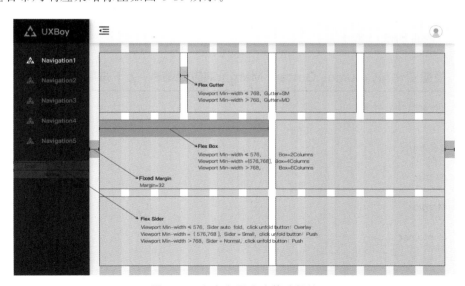

Viewport Min–width ⊢———⊣
视窗最小宽度

Column 栏数量	Gutter 水槽值	Margin 页边距	Sider 收起动作触发	展开动作触发	展开方式
0			576 (Min&Fixed)		
4	16 (SM)	32	自动收起、完全收起	点击按钮展开	Overlay
			768		
8	16 (SM)	32	自动收起、仅展示图标	点击按钮展开	Push
			992		
12	24 (MD)	32	点击按钮收起、仅展示图标	点击按钮展开	Push
			1200		
12	24 (MD)	32	点击按钮收起、仅展示图标	点击按钮展开	Push
12	24 (MD)	32	点击按钮收起、仅展示图标	点击按钮展开	Push

Overlay: 侧边栏展开时叠加在内容区域之上，此时页面仅侧边栏区域可交互，其它区域使用灰色遮罩，不可点击（见gif演示）
Push: 侧边栏展开时挤压内容区域，内容区域宽度缩小，应用此种方式，页面上所有元素均可交互点击

图 6-88　左右布局响应策略表

是图中绿色矩形的范围。以图 6-88 第二行矩形为例，该矩形代表的响应策略是：栏目数是 8，水槽宽度 16（SM）、页边距 32，侧边栏收起且仅展示图标，当点击侧边栏展开图标时侧边栏以 Push 的方式展开。该策略触发的 Breakpoint 是 768，保持范围是 577～768，也就是当视窗宽度缩放至 768 时，栏目数量由上一级的 12 变为 8，水槽宽度由 24 变为 16，侧边导航由完全展开状态自动收起文字部分，仅保留图标，然后保持这些关键数值不变，直到视窗宽度达到另一个 Breakpoint。需要特别说明的是，第一行矩形中 0～576（Min&Fixed）范围的视窗宽度是固定的，也就是在该套响应策略中，页面最小响应到 576 的宽度，当视窗到达这个宽度时，浏览器会限制视窗进一步缩小，因为当页面宽度比它还小时已经无法有效展示数据了，所以进一步的缩小毫无意义。

　　左右布局响应策略标注如图 6-89 所示。

左右布局
响应策略
动态演示

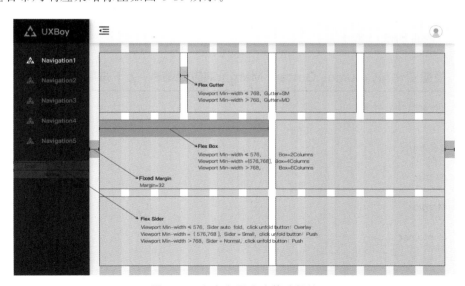

图 6-89　左右布局响应策略标注

6. 内容区域定宽的后台系统(Fixed-width Container)

内容区域定宽是指内容区域在每一组视窗宽度区间内,都会设定一个最大值(Max-with)。当内容区域宽度小于最大值时,区域内元素会响应视窗的变化;达到最大值后,内容区域不再响应视窗的变化,而是保持该最大宽度值不变,此时可以通过增加页面两侧的margin值来响应视窗的变化。Flex Margin 就是应对此情况的动态页边距。图 6-90 展示了上下布局页面的响应策略。

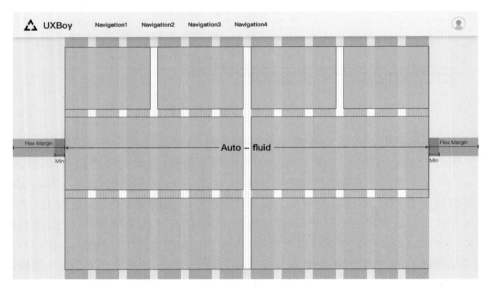

图 6-90　上下布局响应策略(内容区域定宽)

内容区域宽度流式(fluid-width Container)后台系统的内容区域(Container)距离页面两侧的页边距 Margin 是定值,因此视窗有多大内容区域就展示多大,图 6-91 展示了内容区域宽度流式的页面响应策略。

视窗变化与Column、Gutter、Margin响应策略表–上下布局　UXBoy

Viewport Min-width ⊢→ 视窗最小宽度						Fixed-width Container	
	0	576	768	992	1200	1920	2560	~
Column 栏数量	4	8	12	12	12	12	12
Gutter 水槽值	16 SM	24 SM	24 SM	24 SM	24 SM	24 SM	24 SM
Margin 页边距	32	32	32	32	32 Min	32 Min	32 Min
Container (Max-with) 内容区域最大值	Flex	Flex	Flex	Flex	1200	1200	2400

● Flex: 表示在区间内,内容区域没有固定的数值,宽度弹性变化,即内容区域的宽度=视窗宽度–页边距 (Margins)
● Min: 表示在区间内,页边距拥有最小值,当视窗宽度发生变化时,内容区域优先响应,当内容区域达到最大值后,页边距动态变化

图 6-91　内容区域宽度流式(fluid-width Container)

6.7.5 栅格化工具推荐

1. Adobe Photoshop CC 栅格系统工具

PS 自带栅格系统设定：新建参考线版面（重点推荐）

PS 中"新建参考线版面"如图 6-92 所示。打开这个面板后，在预设中可以看到 PS 已经预设了 8 列、12 列、16 列、24 列的栅格系统，选择对应列数就可以看到页面上参考线的变化。预设中"装订线"的宽度即栅格系统中水槽的宽度，默认均为 20px，可以根据之前讨论的 8 的倍数原则，将其手动更改为 24。

如果预设的栅格系统无法满足日常工作需要，也可以自定义栅格系统，并将栅格参数保存为预设，这样就可以重复利用自定义的栅格系统了。还可以选择将其应用在当前画板或者所有画板，十分方便。由于是 PS 自带的参考线，所以可以通过快捷键灵活地控制显示或隐藏。

图 6-92 新建参考线版面

新建参考线
版面

2. Sketch 栅格系统工具

（1）Sketch 自带栅格系统：Layout Settings

Sketch 端利用 Sketch 自带的栅格工具 Layout Settings 即可完成栅格系统的设置，如图 6-93 所示。由于 Sketch 的栅格工具是自带的，与 PS 类似，它也可以通过快捷键快速显

图 6-93 Sketch 栅格系统工具

示或隐藏,点击左下角"Make Default"还可以将自定义的栅格系统设置为默认的栅格系统,方便以后重复调用。缺点是 Sketch 只能储存一组栅格系统的数值,而 PS 可以储存多组。

（2）Sketch 栅格系统插件：Bootstrap Grid-maste

Bootstrap Grid 是一个专门用于建立栅格系统的插件（可在文末附件中下载）,可以对栅格系统的基本数据做个性化的设定,也可以对多个形状同时建立栅格系统,还可以通过快捷键快速调用。具体用法：先选中要建立栅格的画板或者画板里的形状（可以多选）,然后单击插件→Bootstrap Grid（Plugins→Bootstrap Grid）。栅格系统参数设计如图 6-94 所示。

Bootstrap
Grid
的安装

Bootstrap
Grid 单个
形状建立
栅格系统

Bootstrap
Grid 多个
形状建立
栅格系统

图 6-94　栅格系统参数设计

3. 跨平台的 Web 端栅格工具

Grid Guide 最大的优点是可以针对一种栅格系统生成 4 组不同水槽宽度的栅格化方案,能比较直观地比较不同水槽宽度下各个栅格系统的视觉感受。使用方法：在右上角设置好页面宽度以及栏目数量,页面内就会自动生成可以下载为 PNG 图片的栅格,Grid Guid 界面如图 6-95 所示。

6.7.6　常见问题解答

（1）当栅格系统中奇数不可避免出现时,应如何处理?

理想状态下,应该调整内容区域的大小,使其尽可能成为可以被 8 整除的尺寸,但实际应用中,有时会出现无法整除的情况。基于对盒子模型的理解,此时应保持 Padding、Margin 的值不变,改变盒子的大小去适应奇数的页面（元素）即可。一致性跟效率才是栅格化要达成的首要目的,偶尔有一些不完美的尺寸是允许的,因为用户在实际使用页面时,并不能看到栅格系统,也很难注意到像素的细微变化,他们能感受到的是页面整体呈现出来的节奏与韵律感,以及持续、一致的视觉语言带给他们的严谨、可靠的心理感受。

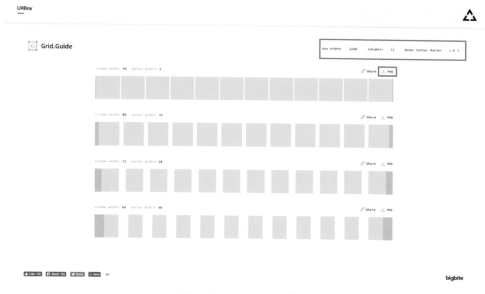

图 6-95　Grid Guide 界面

（2）栅格系统必须以 8 作为原子单位吗？使用其他数值是否可以？

首先需要指出的是使用其他数值当然也可以，栅格系统只是手段，提升设计效率、减少沟通成本、提高页面一致性才是最终目的，所以如果有其他栅格化习惯，且一直以来效果良好，那么继续使用也是没问题的。但是对于设计新人来说，如果能理解前人的经验，并能较好的运用，可以少走一些弯路，更好地完成设计工作。

（3）栅格系统建立初期是否必须使栏目宽度与水槽宽度相等，并等分内容区域？

建立栅格系统时并不是必须使栏目宽度与水槽宽度相等，并等分内容区域。本节介绍栅格系统时采用这种处理方式是为了让大家更好地理解栅格系统建立的原理与过程。事实上，栏目的宽度在实际应用中往往大于水槽宽度。通常会先计划好水槽的宽度、内容区域总宽度与栏目的数量，这时栏目的宽度通过计算可得到。对于响应式页面，栏目的宽度可以是百分比而不是具体的数值。

参 考 文 献

[1] 加瑞特.用户体验要素:以用户为中心的产品设计(原书第 2 版)[M].范晓燕,译.北京:机械工业出版社,2011.

[2] 樽本徹也.用户体验与可用性测试[M].陈啸,译.北京:人民邮电出版社,2015.

[3] 顾振宇.交互设计原理与方法[M].北京:清华大学出版社,2016.

[4] Art Eyes 设计工作室.创意 UI·Photoshop 玩转移动 UI 设计[M].北京:人民邮电出版社,2014.